茶鉴

中国名茶知识、品鉴与茶艺

陈龙　主编

图书在版编目（CIP）数据

茶鉴：中国名茶知识、品鉴与茶艺 / 陈龙主编. —北京：中国轻工业出版社，2022.1

ISBN 978-7-5184-3616-3

Ⅰ.①茶… Ⅱ.①陈… Ⅲ.①茶文化—中国 Ⅳ.①TS971.21

中国版本图书馆CIP数据核字（2021）第161315号

责任编辑：贾　磊　　责任终审：高惠京　　封面设计：锋尚设计
版式设计：锋尚设计　　责任校对：吴大朋　　责任监印：张　可

出版发行：中国轻工业出版社（北京东长安街6号，邮编：100740）
印　　刷：北京博海升彩色印刷有限公司
经　　销：各地新华书店
版　　次：2022年1月第1版第1次印刷
开　　本：787×1092　1/16　印张：16.75
字　　数：210千字
书　　号：ISBN 978-7-5184-3616-3　定价：68.00元
邮购电话：010-65241695
发行电话：010-85119835　传真：85113293
网　　址：http://www.chlip.com.cn
Email：club@chlip.com.cn
如发现图书残缺请与我社邮购联系调换
200640S1X101ZBW

本书编写人员

主　　编　陈　龙

副 主 编　蓝　彬　李　军

参　　编　艾双新　陈火忠　陈火原　王梓涵　李欢欢

图片及音视频参与人员

茶艺演示　王梓涵　李欢欢

古琴弹奏　毕　亮

摄影摄像　吴庆生　张延伟　胡晓萱

视频合成　贾　磊

前　言

中国茶文化源远流长，博大精深，想要了解中国茶，应该从认识和品鉴中国名茶入手。名茶，简而言之，就是知名的好茶，我国名茶品种丰富多彩，形状千姿百态。

名茶的形成，除了有历史的因素以外，还与其优良的茶树品种、得天独厚的自然环境、精湛的制茶工艺分不开。中国幅员辽阔，不同地区生长着不同类型和不同品种的茶树，不同环境条件形成了特定的茶类结构。没有被消费者认可的茶不能成为真正意义上的名茶。本书从认识茶树开始，逐步介绍茶树生长环境、优良品种、产茶区域、制茶工艺，这些都是形成名茶的必要条件。

名茶不仅仅有优美的外形、光润的色泽，更有其独特的内质特征，由此才会备受大家的赞誉。此外，在习茶的同时了解中国绚丽多姿的茶俗也是一件趣味无穷的事情。茶是最好的健康饮料之一，愿大家多喝好茶。

本书是一部实用的中国名茶知识、品鉴宝典和茶艺全程学习指南。600余幅精美图片，独特的图文结合方式，以图鉴茶，以文识茶。名茶图谱展示干茶、茶汤、叶底，可帮助读者识别、鉴赏、选购中国名茶。此外，本书还涵盖了中国名茶的起源、文化、品类、特征、茶艺、茶与健康等内容，并配有六大茶类冲泡参考视频。

愿本书全程陪伴您的识茶、爱茶、习茶之旅。

陈龙

上篇 识名茶知

目　录

中篇 名茶品鉴

第一章
绿茶

第二章
青茶（乌龙茶）

下篇 名茶｜茶艺

第七章 再加工茶

第八章 非茶之茶

第一章 生活茶艺

第二章 地方茶俗

附录

上篇

名茶知识

第一章

茶树

：

一方水土养
一方名茶

我国是世界上最早种茶、制茶、饮茶的国家，茶树的栽培已有几千年的历史。茶树属被子植物门、双子叶植物纲、山茶科、山茶属，为多年生常绿木本植物。双子叶植物的繁盛时期是在中生代的中期，山茶科植物化石的出现是在中生代末期白垩纪地层中，在山茶科里，山茶属是比较原始的一个种群，发生在中生代末期至新生代早期。所以，据植物学家分析，茶树起源至今已有6000万年至7000万年的历史了。

茶树类型

茶树按树干来分，有乔木型、半乔木型和灌木型三种类型。

乔木型茶树：乔木型茶树树形高大，主干明显、粗大，枝部位高，多为野生古茶树。云南是普洱茶的发源地和原产地，在云南发现的许多野生古茶树，树高10米以上。

半乔木型茶树：半乔木型茶树有明显的主干，主干和分枝容易分别，但分枝部位离地面较近。

灌木型茶树：灌木型茶树主干矮小，分枝稠密，主干与分枝不易分清，我国栽培的茶树多属此类。

此外，茶树按成熟叶片大小又可分为特大叶品种、大叶品种、中叶品种和小叶品种四类。叶片大小通过测量叶面积（叶长×叶宽×0.7）进行比较，叶面积在70平方厘米以上为特大叶品种，叶面积在40～69平方厘米为大叶品种，叶面积在21～39平方厘米为中叶品种，叶面积在20平方厘米以下为小叶品种。

生长环境

茶树适宜的生长环境包括：

土壤：一般是土层厚达1米以上、排水良好的砂质土壤，有机质含量在1%以上，通气性、透水性或蓄水性能好。pH4.5～6.5为宜。

降水量：降水量平均，且年降水量在1500毫米以上，降水量不足或过多都有不利影响。

阳光：光照是茶树生存的首要条件，光照不能太强也不能太弱，茶树对紫外线有特殊嗜好，是故高山产好茶。

温度：温度一是指气温，二是指地温，气温以日平均10℃左右为宜，最低不能低于-10℃，年平均温度宜在18～25℃。

地形：地形条件主要有海拔、坡地、坡向等。随着海拔的升高，气温和湿度都有明显的变化，在一定高度的山区，雨量充沛，云雾多，空气湿度大，漫射光强，这对茶树生长有利，但也不是海拔越高越好，在1000米以上时会有冻害。一般选择偏南坡为好，坡度不宜太大，一般要求30度以下。

茶树品种

茶树品种按繁殖方式分为有性繁殖系品种和无性繁殖系品种两大类。一般通过有性途径（种子）繁殖的品种称为有性繁殖系品种，简称有性系品种；通过无性途径（扦插等）繁殖的品种称无性繁殖系品种，简称无性系品种。常把具有较高经济价值的无性系品种称为无性系良种。

有性系品种幼苗主根明显，为直根系，群体中植株的性状较混杂，参差不齐，容易发生变异；无性系品种一般采用短穗扦插繁殖，群体中各植株的性状整齐一致，幼苗无主根，为须根系，根颈部有短穗遗痕，比较容易鉴别。无性系品种的优良性状能够世代相传，具有产量高、品质优、芽叶持嫩性强、发芽整齐、芽叶形态大小及内在品质一致、便于采摘加工等特点，因此无性系品种在茶叶生产中得到广泛推广应用。

当前，我国国家级茶树良种已有95个，其中78个无性系良种中，绿茶品种有22个，红茶品种15个，红茶、绿茶兼制品种27个，乌龙茶品种13个。

茶树的适应性

茶树的适应性是指茶树正常生长发育对栽培地区温度、光照、无霜期、降水量、土壤酸度等自然条件的要求，可以根据引种栽培地区该品种茶树的生长势、抗逆性、产量及品质等表现情况进行鉴定。

茶树品种在引种栽培地区生长发育良好，抗逆性强，芽叶持嫩性强，产量高，制茶品质优良，综合表现与原地一致，说明该品种在这一地区的适应性强。

抗逆性是指茶树对寒、旱、病、虫等不良环境因素的忍耐性或抵御能力。

茶树的适制性

茶树的适制性是指茶树品种固有的制约着茶叶品质的种性，也就是指茶树品种最适宜制作哪一类或哪几类优质茶的特性，简称适制性，可以通过芽叶的物理特性观察和化学特性测定进行间接评估，这在茶树品种选育的早期尤其常用。

物理特性是指茶树新梢上芽叶的肥瘦、大小、叶色、叶质、叶片厚薄、柔软程度、嫩度、茸毛等的特征和状态，它与成品茶的外形品质息息相关。一般叶片小、叶张厚、叶质柔软、细嫩、色泽显绿、茸毛多的品种，宜制显毫类的绿茶；芽叶纤细、叶色黄绿或浅绿、茸毛少或中偏少的品种，宜制少毫型的龙井类扁形绿茶；叶片大、节间长、芽头肥壮、芽叶黄绿色、茸毛多、叶面隆起、叶质软、叶张薄的品种，宜制红茶。

化学特性是指芽叶中化学成分的含量和组成，它是形成茶叶色香味的物质基础。化学特性的测定一般按一芽三叶标准采集鲜叶，在100℃下蒸3分钟，80℃下烘干制蒸青茶样品，然后将样品磨碎进行化学成分测定。尽管茶树品种的化学特性受种植地区环境及栽培条件的影响较大，但同等条件下不同品种间的化学特性差异仍然明显。一般茶多酚含量高，且茶多酚与氨基酸的比值（简称酚氨比）大的品种，制红茶品质优；而氨基酸含量高，茶多酚含量适宜（16%～24%），且酚氨比小的品种，制绿茶品质优。

在生产中，茶树品种的适制性一般通过同一品种的鲜叶制作不同类别的茶叶，进行感官审评直接鉴定，采取评分与评语相结合的方法。先称取茶样倒入审评杯内，再冲入沸水，浸泡5分钟开始审评。茶叶的品质分别按外形、汤色、香气、滋味、叶底逐项以百分制评分，并以相应的评语描述，最后再按外形、汤色、香气、滋味及叶底的品质权数计算总分。分数的高低便能直接反映出品种品质的优劣，即一个品种对某一茶类适制性的优劣，而相应的评语则可以描绘出不同品种的制茶品质特点。不同茶类的品质要求不一样，而每一个茶树品种固有的适制性又制约着茶叶的品质，加之不同品种间的适制性差异较大，适制绿茶的品种不一定适制红茶，适制显毫类绿茶的品种不适宜制作少毫型的龙井类扁形绿茶。茶树品种的适制性是生产上重点考虑的指标之一，只有选择适制性优秀的茶树品种，才能生产出相应优质的茶类产品。

我国茶树中适制绿茶的品种有特早芽种元宵绿，早芽种福鼎大白茶、福鼎大白毫、九龙大白茶、福云595等。适制乌龙茶的品种有早芽种黄旦、茗科一号、丹桂等，中芽种铁观音、佛手、白芽奇兰等，迟芽种肉桂、本山等；绿乌兼制的品种有黄旦、黄奇、梅占等。

第二章

中国茶区：名茶的故乡

中国茶区平面分布在北纬18°～38°、东经94°～122°的广阔范围内，有浙江、湖南、安徽、四川、重庆、福建、云南、湖北、广东、广西、贵州、江苏、江西、陕西、河南、台湾、山东、西藏、甘肃、海南共20个省（自治区、直辖市）的上千个县（市）。跨越6个气候带，即中热带、边缘热带、南亚热带、中亚热带、北亚热带和暖日温带，各地在土壤、水热、植被等方面存在明显差异。在垂直分布上，茶树最高种植在海拔2600米高地上，而最低仅距海平面几十米或百米，同样构成了土壤、水热、地物等差异。地域的差异，对茶树的生长发育和茶叶生产影响极大。

我国茶区辽阔，茶类繁多，茶树品种丰富，加之地形复杂，因此，茶区划分采取3个级别，即一级茶区，系全国性划分，用以宏观指导；二级茶区，系由各产茶省（区市）划分，进行省（区）内生产指导；三级茶区，系由各地县划分，具体指挥茶叶生产。目前，国家一级茶区分为4个茶区，即西南茶区、华南茶区、江南茶区、江北茶区。

西南茶区

西南茶区是中国最古老的茶区，在米仓山、大巴山以南，红水河、南盘江、大盈江县以北，神农架、巫山、方斗山、武陵山以西，大渡河以东的地区，包括黔、川、滇中北和藏东南。

西南茶区地形复杂，大部分地区为盆地、高原，土壤类型也多。在滇中北多为赤红壤、山地红壤和棕壤；在川、黔及藏东南则以黄壤为主，酸碱度一般在5.5～6.5，土壤质地黏重，有机质一般含量较低。

西南茶区各地气候变化大，但总的来说，水热条件较好。四川盆地年平均温度为17℃；云贵高原年均气温为14～15℃。整个茶区冬季较温暖，除个别特殊地区，如四川万源冬季极端最低温曾到-8℃以外，一般仅为-3℃。大于等于10℃积温为5500℃以上。年降水较丰富，大多在1000毫米以上，有的地方如四川峨眉，年降水量则达1700毫米。茶区年平均干燥指数小于1.00，部分地区干燥指数小于0.75。该茶区雾日多，但冬季仍过于干旱，降水量不到全年的10%。

西南茶区茶树资源较多，由于气候条件较好，适宜茶树生长，所以栽培茶树的种类也多，有灌木型和小乔木型茶树，部分地区还有乔木型茶树。该区茶叶适制红碎茶、绿茶、普洱茶、边销茶和花茶等。

华南茶区

华南茶区位于大樟溪、雁石溪、梅江、连江县、浔江、红水河、南盘江、无量山、保山市、盈江县以南，包括闽中南、台湾岛、粤中南、琼、桂南、滇南。

华南茶区水热资源丰富，有森林覆盖下的茶园，土壤肥沃，有机质含量高。全区大多为赤红壤，部分为黄壤。不少地区由于植被破坏，土壤暴露和雨水浸溶，使土壤理化性状不断趋于恶化。整个茶区高温多湿，年平均温度在20℃以上，大于等于10℃积温达6500℃以上，无霜期300～365天，年极端最低温度不低于-3℃，大部分地区四季常青。全年降水量可达1500毫米，海南的琼中县高达2600毫米。但冬季降水量偏低，形成旱季。干燥指数大部分小于1.00，只有海南等少数地区大于1.00。

华南茶区茶树资源极其丰富，汇集了中国的许多大叶种（乔木型或小乔木型）茶树，适宜加工红茶、普洱茶、六堡茶、大叶青、乌龙茶等。

江南茶区

江南茶区在长江以南，大樟溪、雁石溪、梅江、连江县以北，包括粤北、桂北、闽中北、湘、浙、赣、鄂皖南和苏南等地。

江南茶区大多处于低丘山地区，也有海拔在1000米的高山，如浙江的天目山、福建的武夷山、江西的庐山、安徽的黄山等，几乎都是“高山出好茶”的名茶产区。江南茶区基本上为红壤，部分为黄壤。土壤酸碱度一般在5.0～5.5。有自然植被覆盖的土壤及一些高山茶园土壤，土层深厚，腐殖质层在20～30厘米；缺乏植被覆盖的土壤层，特别是低丘红壤，“晴天一把刀，雨天一团糟”，土壤发育差，结构也差，土层浅薄，有机质含量很低。整个茶区基本上属中亚热带季风气候，南部则为南亚热带季风气候。气候温和，四季分明。年平均气温在15.5℃以上，大于等于10℃积温为4800～6000℃，极端最低气温多年平均不低于-8℃，无霜期230～280天。但晚霜和北方寒流会对该茶区的北部带来危害。降水量比较充足，一般在1000～1400毫米，全年降水量以春季为多。部分茶区夏日高温，会发生伏旱或秋旱。

江南茶区产茶历史悠久，资源丰富，历史名茶甚多，如西湖龙井、君山银针、洞庭碧螺春、黄山毛峰等，享誉国内外。中国目前已审定或认定的良种，如福鼎大白茶、鸠坑种、祁门种及龙井43、福云6号、湘波绿等均出自该茶区。该茶区种植的茶树大多为灌木型中叶种和小叶种，以及小部分小乔木型中叶种和大叶种。该茶区是发展绿茶、乌龙茶、花茶、名特茶的适宜区域。

江北茶区

江北茶区南起长江，北至秦岭、淮河，西起大巴山，东至山东半岛，包括甘南、陕南、鄂北、豫南、皖北、苏北、鲁东南等地，是我国最北的茶区。

江北茶区地形较复杂，茶区多为黄棕土，这类土壤常出现黏盘层；部分茶区为棕壤；不少茶区酸碱度略偏高。与其他茶区相比，气温低，积温少，茶树新梢生长期短，大多数地区年平均气温在15.5℃以下，大于等于10℃的积温在4500～5200℃，无霜期200～250天，多年平均极端最低温在-10℃，个别地区可达-15℃，因此，茶树冻害严重。江北茶区的不少地方，因昼夜温度差异大，茶树自然品质形成好，适制绿茶，香高味浓。降水量偏少，一般年降水量在1000毫米，个别地方更少。四季降水不均，夏季多而冬季少。全区干燥指数在0.75～1.00，空气相对湿度约为75%。植被系绿阔叶树，夹杂针叶树种。茶树大多为灌木型中叶种和小叶种。

江北茶区中不少地区种茶的不利条件是冬季既旱又冻，致使茶树遭受旱、冻两害，生长发育受阻，因此，江北茶区在发展茶叶生产时需要特别注意采取相关防护措施。

第三章

制茶工艺

：

名茶是这样炼成的

中国制茶历史悠久，自发现野生茶树以来，从生煮羹饮到饼茶、散茶，从绿茶到各种茶类，从手工制茶到机械化制茶，期间经历了复杂的变革。各种茶类的品质特征形成，除了茶树品种和鲜叶原料的影响外，加工条件和技艺是重要的决定因素。

绿茶制作工艺

绿茶的加工，简单分为杀青、揉捻和干燥三个步骤，其中关键在于初制的第一道工序，即杀青。鲜叶通过杀青，酶的活性钝化，内含的各种化学成分，基本上是在没有酶影响的条件下，由热力作用进行物理化学变化，从而形成了绿茶的品质特征。

杀青

杀青对绿茶品质起着决定性作用。通过高温，破坏鲜叶中酶的特性，抑止多酚类物质氧化，以防止叶子红变；同时蒸发叶内的部分水分，使叶子变软，为揉捻造形创造条件。随着水分的蒸发，鲜叶中具有青草气的低沸点芳香物质挥发消失，从而使茶叶香气得到改善。

除特种茶外，该过程均在杀青机中进行。影响杀青质量的因素有杀青温度、投叶量、杀青机种类、时间、杀青方式等。它们是一个整体，互相牵连制约。

乌龙茶茶园

揉捻

揉捻是绿茶塑造外形的一道工序。通过利用外力作用，使叶片揉破变轻，卷转成条，体积缩小，且便于冲泡。同时部分茶汁挤溢附着在叶表面，对提高茶滋味浓度也有重要作用。

制绿茶的揉捻工序有冷揉与热揉之分。所谓冷揉，即杀青叶经过摊凉后揉捻；热揉则是杀青叶不经摊凉而趁热进行揉捻。嫩叶宜冷揉以保持黄绿明亮的汤色与嫩绿的叶底，老叶宜热揉以利于条索紧结，减少碎末。

目前，除名茶仍用手工操作外，大宗绿茶的揉捻作业已实现机械化。

干燥

干燥的目的是蒸发水分并整理外形，充分发挥茶香。

干燥的方法，有烘干、炒干和晒干三种形式。绿茶的干燥工序，一般先经过烘干，然后再进行炒干。因揉捻后的茶叶含水量仍很高，如果直接炒干，会在炒干机的锅内很快结成团块，茶汁易粘结锅壁。因此，茶叶应先进行烘干，以使含水量降低至符合锅炒的要求。

青茶（乌龙茶）制作工艺

青茶（乌龙茶）的制作工序概括起来可分为晒青、凉青、摇青、炒青、揉捻、干燥。其中做青阶段是形成乌龙茶特有品质特征的关键工序，是奠定乌龙茶香气和滋味的基础。

晒青

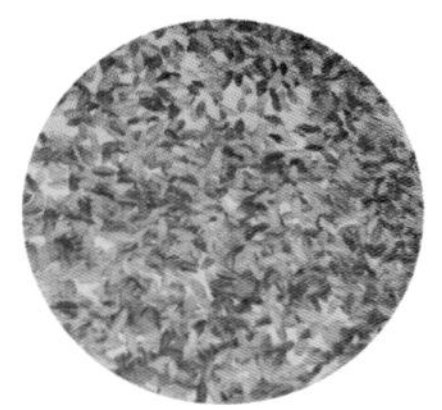
晒青

晒青是形成乌龙茶茶叶品质的重要环节。晒青适度直接影响摇青、炒青、塑形工序。把鲜叶均匀摊放在竹筛篱或晒青埕上，利用太阳光的照射热能和吹风萎凋，蒸发鲜叶的部分水分。水分率先被蒸发的是细胞间隙中的游离水，大部分通过气孔，少量通过角层蒸发，使叶质变得柔软，适于摇青。

凉青

凉青

凉青是晒青的补充工序。将晒青后的鲜叶1～1.5千克置筛篱中，翻松后薄摊晾于青架上，放在凉爽处，使鲜叶中的各部位水分重新分布均匀，散发叶间热量，降低失水和化学变化速度。凉青时间约1小时，失水率1%左右。

摇青

摇青

摇青产生的运动力可以增强叶梢组织的输导机能，协调茶汤呈味物质，具有内在效应；摩擦力造成叶细胞损伤，使茶多酚酶促氧化，诱发香气，具有外在效应。运动力与摩擦力二者应协调配合，才能形成茶叶所特有的香高味醇品质。摇青要掌握“循序渐进”的原则，即摇青转速由慢渐快、用力由轻渐重、摊叶由薄渐厚、时间由短渐长、发酵由轻渐重。

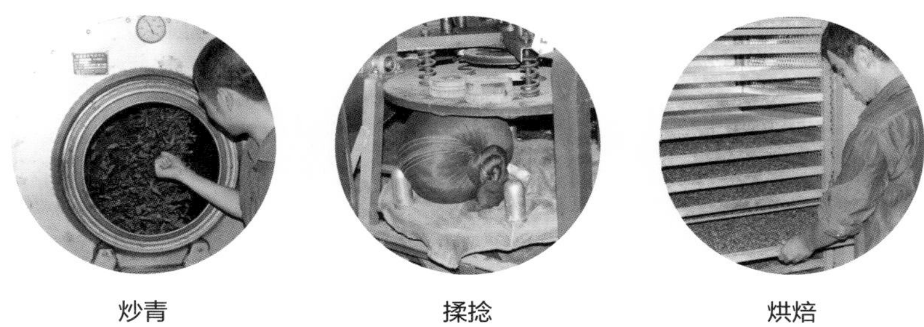

炒青　　揉捻　　烘焙

炒青

乌龙茶的内质已在做青阶段基本形成，炒青是承上启下的转折工序，它像绿茶的杀青一样，主要目的是抑制鲜叶中的酶活力，控制氧化进程，防止叶子继续红变，固定做青形成的品质。其次，是使低沸点青草气挥发和转化，形成馥郁的茶香。同时通过湿热作用破坏部分叶绿素，使叶片黄绿而亮。此外，还可挥发一部分水分，使叶子柔软，便于揉捻。

揉捻

揉捻可使叶片揉破变轻，卷转成条，体积缩小，且便于冲泡。同时部分茶汁挤溢附着在叶片表面，对提高茶的滋味浓度也有重要作用。

烘焙

烘焙可抑制酶性氧化，蒸发水分和软化茶叶，并起热化作用，消除苦涩味，促进滋味醇厚。

红茶制作工艺

我国红茶包括工夫红茶、红碎茶和小种红茶，其制法大同小异，都有萎凋、揉捻、发酵、干燥四个工序。各种红茶的品质特点都是红汤红叶，色香味的形成都有类似的化学变化过程，只是变化的条件、程度存在差异。下文以工夫红茶为例，简要介绍红茶的制造工艺。

萎凋

萎凋是指鲜叶经过一段时间失水，使一定硬脆的梗叶成萎蔫凋谢状况的过程，是红茶初制的第一道工序。经过萎凋，可适当蒸发水分，叶片柔软，韧性增强，便于造形。此外，这一过程可使青草味消失，茶叶清香渐现，是形成红茶香气的重要加工阶段。萎凋方法有自然萎凋和萎凋槽萎凋两种。自然萎凋即将茶叶薄摊在室内或室外阳光不太强处，摊放一定的时间；萎凋槽萎凋是将鲜叶置于通气槽体中，通热空气以加速萎凋，这是目前普遍使用的萎凋方法。

揉捻

红茶揉捻的目的与绿茶相同，茶叶在揉捻过程中成形并增进色香味程度，同时，由于叶细胞被破坏，便于茶叶在酶的作用下进行必要的氧化，利于发酵的顺利进行。

发酵

发酵是红茶制作的独特阶段，经过发酵，叶色由绿变红，形成红茶红叶、红汤的品质特点，其机制是叶子在揉捻作用下，组织细胞膜结构受到破坏，透性增大，使多酚类物质与氧化酶充分接触，在酶促作用下产生氧化聚合作用，其他化学成分也相应发生很大变化，使绿色的茶叶产生红变，形成红茶的色香味品质。目前普遍使用发酵机控制温度和时间进行发酵。发酵适度，嫩叶色泽红匀，老叶红里泛青，青草气消失，具有熟果香。

干燥

干燥是将发酵好的茶坯，采用高温烘焙，迅速蒸发水分，达到保持干度的过程。其目的有三：一是利用高温迅速钝化酶的活力，停止发酵；二是蒸发水分，缩小体积，固定外形，保持干度以防霉变；三是散发大部分低沸点青草气味，激化并保留高沸点芳香物质，获得红茶特有的甜香。

此外，正山小种红茶的采制工艺流程为：

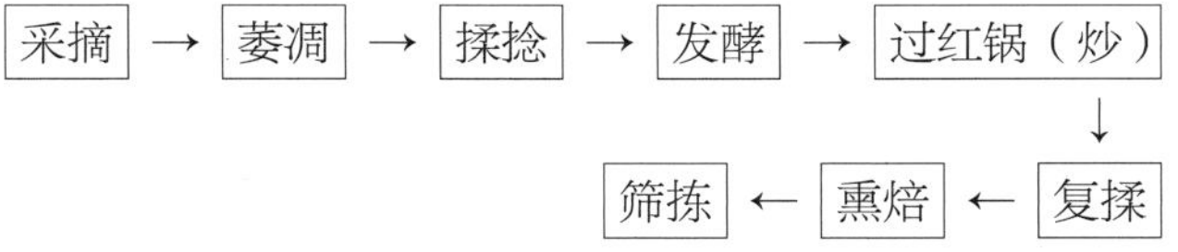

白茶制作工艺

白茶的制作工艺，一般分为萎凋和干燥两道工序，其关键在于萎凋。萎凋分为室内萎凋和室外日光萎凋两种。要根据气候灵活掌握，以春秋晴天或夏季不闷热的晴朗天气，采取室内萎凋或复式萎凋为佳。其精制工艺是在剔除梗、片、蜡叶、红张、暗张之后，以文火进行烘焙至足干，只宜以火香衬托茶香，待水分含量为4%～5%时，趁热装箱。白茶制法的特点是既不破坏酶的活力，又不促进氧化作用，且保持毫香显现，汤味鲜爽。

采用单芽为原料按白茶加工工艺加工而成的，称为银针白毫；采用福鼎大白茶、福鼎大白毫、政和白茶、福安大白茶等茶树品种的一芽一二叶，按白茶加工工艺加工而成的称为白牡丹或新白茶；采用菜茶的一芽一二叶加工而成的为贡眉。

黄茶制作工艺

黄茶的品质特点是黄汤黄叶，制法特点主要是闷黄过程，利用高温杀青破坏酶的活力，其后多酚物质的氧化作用则是由于湿热作用引起，并产生一些有色物质。变色程度较轻的，是黄茶，变色程度重的，则形成了黑茶。

黄茶典型工艺流程是杀青、闷黄、干燥，揉捻不是黄茶必不可少的工艺。

杀青

黄茶通过杀青，以破坏酶的活力，蒸发一部分水分，散发青草气，对香味的形成有重要作用。

闷黄

闷黄是黄茶类制造工艺的特点，是形成黄色黄汤的关键工序。从杀青到干燥结束，都可以为茶叶的黄变创造适当的湿热工艺条件，但作为一个制茶工序，有的茶在杀青后闷黄，有的则在毛火后闷黄，有的闷炒交替进行。针对不同茶叶品质，方法不一，但殊途同归，都是为了形成良好的黄汤品质特征。

影响闷黄的因素主要有茶叶的含水量和叶温。含水量多，叶温越高，则湿热条件下的黄变过程也越快。

干燥

黄茶的干燥一般分几次进行，温度也比其他茶类偏低。

黑茶制作工艺

黑茶是六大茶类之一，也是我国特有的一大茶类，生产历史悠久，产区广阔，销售量大，花色品种很多。产量占全国茶叶总产量的四分之一左右，以边销为主，部分内销，少量侨销。因此，习惯上称黑茶为“边茶”。

鲜叶

鲜叶是形成茶叶品质的物质基础。嫩度是衡量鲜叶质量好坏的关键，从嫩度来看一下黑茶的鲜叶质量要求，根据各个茶花色品种不同，对鲜叶嫩度要求也不同。

1．湖南黑茶

湖南黑茶鲜叶一是要有一定的成熟度，二是要新鲜。一级湖南黑茶要求一芽三四叶为主。二级湖南黑茶要求一芽四五叶为主。三级湖南黑茶以一芽五六叶为主。四级湖南黑茶以“开面”为主。

2．湖北老青茶

湖北老青茶鲜叶每年采摘两次，茎梗枝均割采。但不要求有枯老麻梗和鸡爪枝。

3．四川边茶

边茶粗细悬殊，对鲜叶嫩度的要求不一。通常是采摘当年的“收巅红梗”（新梢形成驻芽以后）和老叶为原料。

杀青

黑茶杀青目的虽与绿茶基本相同，利用高温破坏酶的活力，制止酶促氧化。但在方法上却有其特点：一是杀青前要对鲜叶灌水，利用水分产生高温蒸气来提高叶温，使其杀匀，杀透；二是投叶量大，每锅投叶量大，吸收热量多，利于形成高温水蒸气的环境条件；三是高温、短时，由于鲜叶较粗老，叶中有效成分较少，要求在短时内破坏酶的活力，制止酶促氧化，保留较多的有效成分，且细胞的纤维素和半纤维素含量高，在高温下方能软化或水解，要迅速提高叶温也需要高温。

揉捻

黑茶揉捻的主要特点是趁热揉捻，黑茶由于鲜叶粗老，含水量少，纤维素多，水溶果胶物质少，因而表现出质地粗硬。经高温杀青后，叶片受湿热的蒸闷作用，导致细胞组织中的纤维素、半纤维素和果胶物质部分分解为水溶性物质，使组织软化，并带黏性。

渥堆

黑茶渥堆主要是多酚类化合物在水热作用下发生非酶性自动氧化。但是，也不能排除微生物的作用。由于这些微生物具有氧化酶的特性，因而能促使渥堆过程中茶叶内含物质的化学变化。渥堆过程中的理化变化是复杂的、深刻的，它是决定黑茶品质的关键性工序，对于形成黑茶醇和不涩的滋味很有利。

干燥

黑茶干燥温度较低，时间长，但茶叶内含物的变化仍然在进行。多酚类化合物在干燥过程中经过长时间的水热综合作用有所减少。据测定，渥堆中多酚类化合物含量为12.77%，而毛茶只有11.84%，这主要是由于多酚类化合物在热化作用下发生非酶性自动氧化的结果。

第四章

茶叶保健：好茶喝出健康来

茶已被公认为是最好的保健饮料之一。人们长期的饮茶实践充分证明，饮茶不仅能提供营养，而且能预防疾病。自古以来，很多古籍和古医书都有关于茶叶的药用价值和饮茶健身的论述。茶文化与中医药，两者间有着十分密切的关系。茶不但有对多科疾病的治疗效能，而且有良好的延年益寿、抗老强身的作用。

一、茶叶的保健成分

茶叶的化学成分是由3.5%～7.0%的无机物和93%～96.5%的有机物组成。茶叶中的矿物质元素约有27种，包括磷、钾、硫、镁、锰、氟、铝、钙、钠、铁、铜、锌、硒等。茶叶中的有机化合物主要有蛋白质、脂质、碳水化合物、氨基酸、生物碱、茶多酚、有机酸、色素、香气成分、维生素、皂苷、甾醇等。此外，膳食纤维也有很重要的保健作用。茶叶具有以下保健成分。

多酚类化合物

茶叶中的多酚类化合物，包括了茶鞣酸、茶鞣质、儿茶素等，茶分为6类，质量占干茶的20%～35%，其中儿茶素占茶多酚的60%～80%，为干物质重的12%～24%。茶多酚的功能是增强毛细血管的作用；抗炎抗菌，抵制病原菌的生长，并有灭菌作用；影响维生素C的代谢，刺激叶酸的生物合成；能够影响甲状腺的机能，有抗辐射损伤作用；作为收敛剂可用于治疗烧伤；可与重金属盐和生物碱结合起解毒作用；缓和胃肠紧张，防炎止泻；增加微血管韧性，防治坏血病，并有利尿作用。

生物碱

茶叶中的生物碱包括咖啡碱、茶碱、可可碱、嘌呤碱等。咖啡碱是茶叶中一种含量很高的生物碱，一般含量为2%～5%。每杯茶汤（150毫升）中含有40毫克左右的咖啡碱。咖啡碱的功能有兴奋中枢神经系统、消除疲劳、提高劳动效率；抵抗酒精、烟碱和吗啡等的毒害作用；强化血管和强心作用；增加肾脏血流量，提高肾小球滤过率，有利尿作用；松弛平滑肌，消除支气管和胆管痉挛；控制下视丘的体温中枢，调节体温；降低胆固醇和预防动脉粥样硬化。在对咖啡碱安全性评价的综合报告中的结论是，在正常的饮用剂量下，咖啡碱对人无致畸、致癌和致突变作用。

茶碱功能与咖啡碱相似，兴奋中枢神经系统较咖啡碱弱，强化血管和强心作用、利尿作用、松弛平滑肌作用比咖啡碱强。

可可碱的功能与咖啡碱、茶碱相似，兴奋中枢神经的作用比前两者都不弱；强心作用比茶碱弱但比咖啡碱强；利尿作用比前两者都差，但持久性强。

芳香类物质

茶叶中的芳香类物质包括萜烯类、酚类、醇类、酸类、酯类等。其中萜烯类有杀菌、消炎、祛痰作用，可治疗支气管炎。酚类有杀菌、兴奋中枢神经和镇痛的作用，对皮肤还有刺激和麻醉的作用。醇类有杀菌的作用。醛类和酸类均有抑杀霉菌和细菌，以及祛痰的功能，后者还有溶解角质的作用。酯类可消炎镇痛、治疗痛风，并促进糖代谢。

氨基酸

茶叶中的氨基酸种类已报道有25种，其中茶氨酸的含量最高，占氨基酸总量的50%以上。众所周知，氨基酸是人体必需的营养成分。如谷氨酸能降低血氨，治疗肝昏迷。蛋氨酸能调整脂肪代谢。

矿物质元素

茶叶中含有多种矿物质元素，如磷、钾、钙、镁、锰、铝、硫等。这些元素中的大多数对人体健康是有益的，茶叶中的氟含量很高，平均为100～200毫克/千克，远高于其他植物，氟素对预防龋齿和防治老年骨质疏松有明显效果。

脂多糖类

茶叶含有脂多糖类物质，脂多糖类物质具有抗辐射损伤、改善造血功能的作用。脂多糖是构成茶细胞壁的大分子复合物，茶叶中脂多糖的含量约为3%。药理试验表明，适当的植物脂多糖进入动物或人体后，在短时间内就可以增强肌体的非特异性免疫能力，对提高肌体的抵抗力有很大作用。动物试验表明，茶叶中的脂多糖有防辐射的功效，同时也有改善造血功能的作用。

茶叶的保健功能

茶叶中丰富的营养素和多种药用成分是茶叶保健和防病的基础。

清胃消食助消化

茶叶有消食除腻助消化、加强胃肠蠕动、促进消化液分泌、增进食欲的功能，并利于治疗胃肠疾病。在边疆地区，一些少数民族以肉类和奶类为主食，其饮食中含有大量的脂肪和蛋白质，而蔬菜和水果很少，食物不容易消化，饮茶可以帮助油脂消化吸收，解除油腻，并补充肉食中矿物质和维生素的不足。

茶叶中芳香油、生物碱具有兴奋中枢和植物神经系统的作用。它们可以刺激胃液分泌，松弛胃肠道平滑肌，对含蛋白质丰富的动物必食品有良好的消化效果。茶叶中含有大量的氨基酸、维生素C、维生素B_1、维生素B_2、磷脂等成分，这些成分具有调节脂肪代谢的功能，并有助于食物的消化，起到增进食欲的效果，所以在进食肉类或油腻的食物后，喝一杯香味浓郁的清茶会感到特别舒服。因此适量饮茶可以帮助消化，增进食欲。此外，茶叶加糖可缓解消化性溃疡，生茶油可减轻急性蛔虫性肠梗阻等消化系统疾病。

生津止渴解暑热

饮茶能解渴是众所周知的。实验证实，饮热茶9分钟后，皮肤温度下降1～2℃，并有凉快、清爽和干燥的感觉，而饮冷茶后皮肤温度下降不明显，饮茶的解渴作用与茶的多种成分有关，茶汤补给水分以维持肌体的正常代谢，且其中含有清凉、解热、生津等有效成分。饮茶既可刺激口腔黏膜，促进唾液分泌产生津液，芳香类物质挥发时又可带走部分热量，使口腔感觉清新凉爽，且可以从内部控制体温调节中枢调节体温，以达到解渴的目的。茶叶的这种作用是茶多酚、咖啡碱、多种芳香物质和维生素C等成分综合作用的结果。茶叶有清火之功，有些人容易上“火”，大便干结，排便困难，甚至导致肛门裂口，痛苦异常，于是就食用蜂蜜或香蕉等食品，以减轻症状，但此法只能解决一时之苦。而根除火源的好办法是坚持每天饮茶，茶叶“苦而寒”，极具降火清热作用。

强骨防龋除口臭

实验研究和流行病学调查均证实茶有固齿强骨、预防龋齿的作用。茶叶中含有较丰富的氟，氟在保护骨和牙齿的健康方面有非常重要的作用，龋齿的主要原因是牙齿的钙质较差，氟离子与牙齿的钙质有很大的亲和力，它们结合之后，可以补充钙质，使抗龋齿能力明显增强。茶本身是一种碱性物质，因此能抑制钙质的减少，起到保护牙齿的作用。

口腔发炎、牙龈出血等是常见的口腔疾病，且常伴有口臭。晨起浓茶一杯，可以清除口中黏性物质，既可净化口腔，又使人心情愉快。有些人清晨刷牙时，常会牙龈出血，这种现象常常是由于维生素C缺乏所致。茶叶中含有丰富的维生素C，饮茶可以部分补充饮食中维生素C供应的不足。

振奋精神除疲劳

当人们疲劳困倦时，喝一杯清茶，立即会感到精神振奋，睡意全消。这是茶叶中所含的生物碱类，即咖啡碱、茶碱、可可碱的作用，主要是咖啡碱的作用。实验证实，喝5杯红茶或7杯绿茶相当于服用0.5克的咖啡因，可提高10%的基础代谢率。茶咖啡碱与多酚类物质结合，使茶具有咖啡碱的一切药效且没有副作用。故饮茶能消除疲劳，振奋精神，增强运动能力，提高劳动效率。

保肾清肝并消肿

茶可保肾清肝、利尿消肿，这是因为茶能增加肾脏血流量，提高肾小球滤过率，增强肾脏的排泄功能。乌龙茶中咖啡因含量少，利尿作用明显，是男女老幼皆宜饮用的茶。茶的利尿作用来自于咖啡碱、茶碱和可可碱，其中茶碱的作用最强，咖啡碱次之，而可可碱的利尿作用持续时间最长。这些物质的作用机制是抑制肾小管的重吸收，尿中钠离子和氯离子的含量增多；并能兴奋血管运动中枢，直接舒张肾脏血管，增加肾脏血流量。对肝脏、心脏性水肿和妊娠水肿与呕吐都有明显的益处。

降脂减肥保健美

首先，咖啡碱能兴奋神经中枢系统，影响全身的生理机能，促进胃液的分泌和食物的消化。其次，茶汤中的肌醇、叶酸、泛酸等维生素物质以及蛋氨酸、半胱氨酸、卵磷脂、胆碱等多种化合物，都有调节脂肪代谢的功能。此外茶汤中还含有一些芳香族化合物，它们能够溶解油脂，帮助消化肉类和油类等食物。如乌龙茶，目前在东南亚和日本很受欢迎，被誉为“苗条茶”“美貌和健康的妙药”。因为乌龙茶有很强的分解脂肪的功能，长期饮用不仅能降低胆固醇，而且能使人减肥健美。中医书籍也称茶叶有去腻减肥胖、消脂转瘦、轻身换骨等功能。适量饮茶有润肤健美、祛脂减肥的作用。

消除电离抗辐射

现代科学产生了很多的辐射源，人类已经处在电子辐射的包围之中，广播、电视、录像、镭射影像以及医用射线和和平利用原子能等，已经产生了大量辐射。茶叶中的茶多酚和脂多糖等成分可以吸附和捕捉放射性物质，并与其结合后排出体外。脂多糖、茶多酚、维生素C有明显的抗辐射效果。它们参与人体内的氧化还原过程，修复生理机能，抑制内出血，减弱放射性损害。在电视机和电脑进入千家万户的今天，防止荧屏辐射对人体的损害是多方关心的问题之一。因此，在欣赏精彩的电视节目的同时饮上一杯香茶，既有预防辐射危害的作用，又有清肝明目、保护视力的作用。茶叶中含有丰富的胡萝卜素，代谢后合成视紫质以保护视力，适量饮茶有助于保护视力。据报道，在日本广岛原子弹爆炸事件中，凡有长期饮茶习惯的人存活率高。因为茶叶中所含有的单宁物质和儿茶素，可以中和锶90等物质，减少放射性物质的伤害。

消炎杀菌抗感染

茶叶有消炎杀菌的功能，可以缓解发肝炎、痢疾、肠炎等由细菌感染引起的疾病，还能缓解多种炎症，如膀胱炎、肾炎、尿路感染、鼻炎、支气管炎等。古医书中以辅助治疗痢疾、肠炎的记载最多，这是因为茶叶可以抑制痢疾和伤寒杆菌的增殖。所用的茶叶剂型有水煎剂、浸泡剂和丸剂等，选用的茶叶主要是绿茶，其次是红茶和青茶，用量多为5～15克，各种剂型均为口服，少数病人用茶汤灌肠。治疗急慢性细菌性痢疾和急性肠炎的效果都较好，治愈率分别在80%和96%以上。

辅助防治心脑血管病

对于心动过速的病患者以及心、肾功能减退的病人，一般不宜喝浓茶，只能饮用些淡茶，一次饮用的茶水量也不宜过多，以免加重心脏和肾脏的负担。对于心动过缓的心脏病患者和动脉粥样硬化和高血压初期的病人，可以经常饮用些高档绿茶，这对促进血液循环、降低胆固醇浓度、增加毛细血管弹性、增强血液抗凝性都有一定好处的。

辅助预防治疗糖尿病

糖尿病患者的病征是血糖高、口渴、乏力。实验表明，饮茶可以有效降低血糖浓度，且有止渴、增强体力的功效。糖尿病患者一般宜饮绿茶，饮茶量可稍增多一些，一日内可数次泡饮，使茶叶的有效成分在体内保持足够的浓度。饮茶的同时，可以吃些番瓜食品，这样有增效作用。

利于防癌抗癌可延年

绿茶可诱导癌细胞“自杀”已被多项实验所确认。那么，经过加工制作的红茶，其中的茶多酚大多被氧化了，是否还有抗癌活性呢？湖南医科大学茶与健康研究室的一项专题研究证实，红茶同样具有很强的抗癌活性。

绿茶是用高温破坏鲜茶叶中的酶、抑止发酵而制成的，沏出来的茶保持鲜茶叶原有的绿色，甘香可口，亚洲人喜爱喝。而红茶是经全发酵加工制作的，色泽乌黑油润，沏出的茶色红艳，具有特别的香气和滋味，为英、美、加拿大等国人喜好。传统观点认为，绿茶中的多酚类化合物是抗癌的主要活性成分，但茶多酚经过加工后大多被氧化而形成了多酚类氧化产物——茶色素（国外称红茶多酚）。红茶的抗癌活性是否因此就降低了呢？1995年，联合国粮农组织发起了红茶对人体健康作用的研究，由红茶消费国英、美、加拿大及红茶主要生产国肯尼亚、印度尼西亚、斯里兰卡组成的茶叶贸易健康研究协会，委托美国康奈尔大学医学院、波士顿大学医学院、纽约州立大学医学院等研究机构，重点开展了红茶对癌症影响的研究。1996年他们在茶色素对某些癌症的化学预防作用的研究中取得了肯定结果。此后各国争相开展了对红茶及其主要成分茶色素的药理研究。

1997年10月以来，湖南医科大学茶与健康研究室从分子生物学角度入手，观察了被茶色素作用后的人急性早幼粒白血病细胞（HL-60）的生物化学和形态学变化，观察到人急性早幼粒白血病细胞均出现了凋亡的典型改变：DNA出现梯形条带，细胞出现凋亡小体；流式细胞仪测定结果进一步表明，茶色素对癌细胞的分化阻断效果主要发生在细胞增殖分化早期，即DNA合成前期。

中篇

名茶品鉴

第一章

绿茶

绿茶，又称不发酵茶，是以适制的茶树嫩芽为原料，经杀青、揉捻、干燥等加工工艺制成的茶叶。我国绿茶生产历史最久，品类最多，产量最多（约占中国茶叶产量的70%），外观造形千姿百态，香气、滋味各具特色，清汤绿叶，十分诱人。绿茶按其干燥和杀青方法的不同，一般分为炒青、烘青、晒青和蒸青绿茶。

西湖龙井

外形：扁平挺秀、光滑
色泽：嫩绿光润
汤色：碧绿明亮
香气：鲜嫩清高
滋味：鲜爽甘醇
叶底：细嫩成朵

干茶

茶汤

叶底

西湖龙井历史悠久，最早可追溯到我国唐代，龙井茶素以“色绿、香郁、味醇、形美”四绝著称于世。产于浙江杭州西湖的狮峰、龙井、五云山、虎跑一带，历史上曾分为“狮、龙、云、虎”四个品类，其中多认为以产于狮峰的品质为最佳。

西湖龙井的采制技术相当考究，其采摘有三大特点：一是早，二是嫩，三是勤。西湖龙井优异的品质是精细的采制工艺所形成的，加工方法独特，运用“抓、抖、搭、拓、捺、推、扣、甩、磨、压”十大手法。“龙井茶，虎跑水”，这是闻名中外的旅游胜地杭州西湖的双绝。西湖龙井茶产区集名山、名寺、名湖、名泉和名茶于一身，构成了独特而骄人的龙井茶文化。

顾渚紫笋

外形：背卷似笋壳，形如兰花

色泽：翠绿，银毫明显

汤色：清澈明亮

香气：馥郁，隐隐有兰花香

滋味：甘醇鲜爽

叶底：嫩绿柔软，细嫩成朵

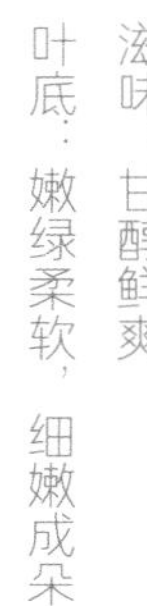

干茶

茶汤

叶底

顾渚紫笋早在唐代就被茶圣陆羽评为“茶中第一”，并成为贡茶。顾渚紫笋因其鲜茶芽叶微紫，嫩叶背卷似笋壳而得名，产于浙江省湖州市长兴县水口乡顾渚山一带。

顾渚紫笋茶是半炒半烘类型绿茶，一般每年清明节前至谷雨期间，采摘一芽一叶或一芽二叶初展的鲜叶为原料，其制作工序包括摊青、杀青、理条、摊凉、初烘、复烘等。精制出的顾渚紫笋有“青翠芳馨，嗅之醉人，啜之赏心”之誉。1979年，在浙江省名茶评议会上，顾渚紫笋茶被列为一类名茶；1986年，顾渚紫笋茶被评为全国名茶。

惠明茶

外形：纤秀细紧直略扁
色泽：翠绿光润
汤色：清澈明亮
香气：兰花香高而持久
滋味：鲜爽甘醇
叶底：单芽细嫩完整、嫩绿明亮

干茶

茶汤

叶底

惠明茶是浙江传统名茶，古称“白茶”，明成化十八年（1482年）列为贡品，1975年恢复试制。产于浙江丽水市景宁畲族自治县红垦区赤木山的惠明村。

惠明茶为炒青绿茶，鲜叶采摘标准以一芽二叶初展为主，加工工艺分为摊青、杀青、揉条、辉锅四道工序。惠明茶冲泡后有兰花香，味浓持久，回味鲜醇香甜，具备高雅名茶之特色。惠明茶于1915年在巴拿马的万国博览会上，荣获一等证书和金质奖章。从此惠明茶名声更盛，人们称其为“金奖惠明”。

平水珠茶

外形：浑圆紧结
色泽：墨绿光润
汤色：黄绿明亮
香气：香高持久
滋味：浓醇回甘
叶底：黄绿柔软

干茶

茶汤

叶底

平水珠茶是浙江省首创的一种炒青绿茶，也称圆茶，产于浙江的绍兴、诸暨、嵊州、新昌、萧山、上虞、余姚、天台、鄞县、奉化、东阳等地，整个产区为会稽山、四明山、天台山等名山所环抱。平水是绍兴东南一个历史悠久的集镇。唐代时，这里已是有名的茶、酒集散地。清代至中华人民共和国成立前的约300年间，这里成了珠茶的精制加工中心和集散中心，故称“平水珠茶”，一直沿用至今。平水珠茶在鲜叶采下后，经过杀青、揉捻、炒二青、炒三青、做对锅、做大锅而制成。平水珠茶出口欧洲和非洲不少国家，有稳定的市场，深受消费者的信赖。

茶汤

叶底

径山茶又名径山香茗或径山毛峰茶，品质优异，在唐宋时期已经有名，1978年恢复生产，属烘青绿茶。产于浙江省余杭县西北的天目山东北峰的径山，因产地而得名。

嫩采早摘是径山茶采摘的特点，采摘标准为一芽一叶或一芽二叶初展。径山茶制作相当考究，一般手工炒制、小锅杀青、扇风散热是径山茶的加工特点。具体加工工艺包括鲜叶摊放、小锅杀青、扇风摊凉、轻揉解块、初烘摊凉、文火烘干等。

干茶

径山茶

外形：条索纤细苗秀，芽锋显露

色泽：翠绿

汤色：黄绿鲜明

香气：清幽、有栗香

滋味：鲜醇回甘

叶底：嫩匀明亮

天尊贡芽

外形：形似寿眉，银毫披露
色泽：翠绿
汤色：嫩绿明亮
香气：清高持久
滋味：鲜醇味甘
叶底：嫩芽朵朵，状如雀舌

干茶

茶汤

叶底

天尊贡芽是半烘半炒绿茶中的历史名茶，宋代曾作为贡品，于1985年研制成功，恢复生产。产于浙江桐庐歌舞乡天尊峰。采用一芽一叶初展鲜叶，经摊放、杀青、轻揉、初焙、摊凉、复焙等工序制成。其特点是薄摊吐芳、轻炒保色、理条造形、轻揉促质、低温焙香，将传统制法与新的加工技术融于一体，使成品形质兼美，堪称珍品。

茶汤

鸠坑毛尖为我国传统名茶，在唐代时就享有盛誉，产于浙江省淳安县鸠坑乡四季坪、万岁岭等地。

鸠坑毛尖一般在清明前后采摘，鲜叶要求嫩、匀、净。加工工艺分为杀青、揉捻、烘二青、整形做条、提毫、焙干六道工序。鸠坑毛尖分三级，清明前采制的称毛尖，品质最好，谷雨前采制的称雨前，谷雨后者称炒青。鸠坑毛尖茶于1985年被农牧渔业部评为全国优质茶，1986年在浙江省优质名茶评比中获“优质名茶”称号。

叶底

干茶

鸠坑毛尖

外形：紧细，匀齐而秀美
色泽：绿翠，银毫披露
汤色：嫩绿明亮
香气：馥郁，清香扑鼻
滋味：醇厚鲜爽
叶底：嫩黄成朵

安吉白茶

外形：形似兰花

色泽：青翠的黄绿色

汤色：杏黄

香气：馥郁持久

滋味：鲜爽回甘

叶底：叶片黄白、茎脉翠绿

干茶

茶汤

叶底

宋徽宗赵佶在《大观茶论》中写道：“白茶，自为一种，与常茶不同。其条敷阐，其叶莹薄，……虽非人力所可致。”文中没有讲明白茶的产地，后经专家考证，宋徽宗所讲到的白茶就是生长于浙江省安吉县的安吉白茶。安吉白茶虽名为白茶，却属于绿茶类。因为它是白叶茶（只是在生长过程中的一段时期会是白色的）按照绿茶的方法制作而成的。鲜叶经过四五个小时的摊放，然后按照一定的温度和时间进行杀青。在这之后进行整形理条，最后烘干，安吉白茶就精制而成了。

与别的绿茶相比，安吉白茶的显著特点就是氨基酸含量高，营养丰富。因此，安吉白茶不仅喝起来口感好（十分鲜爽），而且还有利于身体健康。最近，白茶在女孩子中流行起来，还赢得了“美容茶”的雅号。

安吉白片

外形：扁平挺直
色泽：翠绿
汤色：清澈明亮
香气：香高持久
滋味：鲜爽甘甜
叶底：成朵肥壮，嫩绿明亮

干茶

茶汤

叶底

安吉白片又名玉蕊茶，创制于1981年，为安吉县著名特产绿茶。主要产于浙江省安吉县的山河乡。

安吉白片采摘幼嫩、处理精细。一般谷雨前后开采，采摘标准为芽苞和一芽一叶初展，芽叶平均长度在2.5厘米以下，白片茶炒制技术精湛，炒制技巧独树一帜。主要工艺分杀青、清风、压片、干燥四道工序。安吉白片1988年在浙江省名茶评比会上被列为省级名茶。1989年在农牧渔业部优质产品评比会上又荣获全国名茶称号。

大佛龙井

外形：扁平光滑，挺直尖削，形似碗钉
色泽：嫩绿鲜润
汤色：杏绿明亮
香气：清香持久
滋味：鲜醇甘爽
叶底：细嫩成朵匀齐

干茶

茶汤

叶底

大佛龙井是浙江省新昌县主要名茶品种，为我国名茶三珍，因大佛寺而得名，产于新昌县境内环境秀丽的高山云之中。

采用迎霜、翠峰、乌牛早等优良茶种的嫩芽精制而成，加工工艺相当考究。俗语道：“大佛龙井是靠一颗一颗摸出来的”。一斤大佛龙井一般需要四五斤青叶，经过采摘、摊放、杀青、回潮、辉锅、分筛、挺长头、归堆、收灰等工序，才能生产出上好的大佛龙井。成品大佛龙井品质超凡，具有典型的高山风味。属国家原产地域保护产品，1995年荣获中国科技精品博览会唯一的金奖。2002年获国家工商局商标局“大佛”证明商标注册。为浙江省名牌产品和中国国际农博会名牌产品，在国内外茶文化节上多次荣获金奖。

茶汤

叶底

开化龙顶

外形：条索紧直
色泽：翠绿多毫
汤色：清澈嫩绿
香气：清高持久，有花香
滋味：鲜爽浓醇
叶底：明亮成朵

开化龙顶是浙江开发的优质名茶，简称龙顶，创制于20世纪50年代，曾一度产制中断，1957年开始研制，1979年恢复生产，并成为浙江名茶中的一枝新秀。主要产于开化县齐溪镇的大龙村、苏庄乡的石耳山、溪口乡的白云山等地。

鲜叶采摘一般在清明至谷雨期间，以一芽二叶初展为标准，经摊放、杀青、揉捻、烘干至茸毛略呈白色、100℃斜锅炒至显毫、烘至足干而成。开化龙顶茶壮芽显毫，形似青龙盘白云，沸水冲泡后，芽尖竖立，如幽兰绽开。1985年获全国名茶称号，1985年、1986年连续被评为浙江省优胜名茶。

干茶

江山绿牡丹

外形：条直形状自然，白毫显露

色泽：翠绿

汤色：碧绿清澈

香气：清高

滋味：鲜醇爽口

叶底：嫩绿明亮，成朵

干茶

茶汤

叶底

江山绿牡丹原名仙霞化龙，创制于宋代，明代曾为贡茶，后产制中断，于1980年恢复试产，1982年改用现名，并获全国名茶称号。产于仙霞岭北麓、浙江省江山县保安乡尤溪两侧山地。江山绿牡丹一般采摘一芽一二叶初展鲜叶，以传统工艺制作，经摊放、炒青、轻揉、理条、轻复揉、初烘、复烘等工序精制而成。1985年、1986年连续被评为浙江省优胜名茶。

千岛玉叶

外形：扁平挺直
色泽：绿翠显毫
汤色：黄绿明亮
香气：清香持久
滋味：醇厚鲜爽
叶底：肥嫩硕壮，匀齐成朵

干茶

茶汤

叶底

千岛玉叶原名千岛湖龙井，1982年创制，1983年著名茶叶专家庄晚芳教授品尝此茶后，亲笔提名为“千岛玉叶”。产于浙江省淳安县青溪一带。千岛玉叶所用鲜叶原料，均要求嫩匀成朵，标准为一芽一叶初展，并要求芽长于叶。鲜叶采回后，须经6～12小时的摊放，待鲜叶含水量在70%～72%方可炒制。加工工艺分杀青与辉锅两道工序，均在平锅中进行。千岛玉叶品质优异，1986年荣获浙江省科学技术进步二等奖。1988年、1989年连续两年获浙江省农业厅颁发的全省一类名茶奖。1991年获浙江省名茶证书。

千岛银针

外形：纤细匀齐
色泽：绿翠光润
汤色：清澈明亮
香气：清香，香气持久似兰蕙
滋味：醇厚回甘
叶底：嫩绿肥壮

干茶

茶汤

叶底

千岛银针产于浙江省淳安县千岛湖畔，年均气温17.0℃左右（属亚热带季风气候），春秋两季气候温和，阴雨天气较多，山上土质细黏肥沃，云雾弥漫，非常适合茶树的生长。

千岛银针的采摘和制作都有严格要求，每年只能在“清明”前后7～10天采摘，采摘标准为春茶的首轮嫩芽。鲜叶要经过杀青、摊晾、初烘、初包、再摊晾、复烘、复包、焙干八道工序，需78个小时方可制成。千岛银针茶形体纤细，好似一枚枚精致的银针，泡在杯中，一根根肃然而立，昂首挺胸，气血高涨，像训练有素的军人，颇具风骨。

乌牛早

外形：扁平挺直，条紧显毫
色泽：绿翠光润
汤色：嫩绿明亮
香气：浓郁持久
滋味：甘醇鲜爽
叶底：翠绿肥壮，匀齐成朵

乌牛早是近年的新创名茶，既是茶名，又是树名，原称“岭下茶”，产于浙江省永嘉县乌牛镇。是我国茶类中特早发芽的品种，3月上旬即可采制。用它作原料加工的“乌牛早龙井”，外形扁平，味醇气香，色泽翠绿，为茶中珍品。乌牛早一般在惊蛰时节便可萌芽，春分之前便可上市，明显早于其他名茶，在全国名茶市场上可谓独占“品茗之道在于新”的优势。乌牛早除早采外，还具有发芽整齐、轮次分明、老嫩均匀、持嫩性强等特点。人们在早春，就能捧杯品尝乌牛早新茶，成为近几年的新时尚。

茶汤

叶底

干茶

外形：条索粗壮弓弯似猴，满披银毫

色泽：绿润

汤色：清澈嫩绿

香气：香高持久

滋味：鲜醇爽口

叶底：嫩绿成朵，匀齐明亮

干茶

茶汤

叶底

松阳银猴因条索卷曲多毫，形似猴爪，色如银而得名，20世纪80年代新创名茶。产于浙江省松阳县古市区半古月村谢猴山。

一般于清明至谷雨间采摘鲜叶，选用福鼎白毫茶树品种，以一芽一叶初展、芽头肥嫩匀齐为标准。经10～12小时摊放、50℃锅温杀青、揉捻、造形、烘焙、装箱等工序加工而成。松阳银猴于1986年被评为浙江省优胜名茶之一。在国内国际茶事大赛中多次获奖，远销德国，畅销浙江、杭州、上海、江苏、安徽、山东、北京等20多个省市。

武阳春雨

外形：形似松针细雨
色泽：嫩绿稍黄
汤色：黄绿明亮
香气：具有独特的兰花清香
滋味：甘醇鲜爽
叶底：嫩绿匀齐

干茶

茶汤

叶底

武阳春雨于1994年创制，产于浙中南“中国有机茶之乡”武义县，境内峰峦叠嶂，山清水秀，优越的自然环境造就了武阳春雨茶纯天然、无污染的先天品质。

武阳春雨采自早春3月的单芽或一芽一叶初展，鲜叶经过摊放、杀青、揉捻、干燥等工序制作而成。2004年武阳春雨被评为浙江省十大名茶。武阳春雨先后荣获多项金奖。目前已拥有生产基地6万余亩，年产量1000吨，产值1.1亿元。

泰顺云雾茶

外形：条索紧细
色泽：嫩绿油润
汤色：清澈明亮
香气：清香持久
滋味：浓醇味甘
叶底：黄绿嫩匀

干茶

茶汤

叶底

泰顺云雾茶是我国的历史名茶，始产于汉代，宋代列为贡茶。产于泰顺县，泰顺县地处浙江南部，境内云雾弥漫，雨量充沛，气候温和，产茶条件得天独厚，素以“云雾茶驰名于世”。泰顺云雾茶由于受高山凉爽多雾的气候及日光直射时间短等条件影响，形成其叶厚、毫多、醇甘耐泡、含单宁、芳香油类和维生素较多等特点，不仅味道浓郁清香，怡神解泻，而且可以帮助消化，杀菌解毒，具有预防肠胃感染、降低抗坏血病风险等功能。泰顺云雾以味醇、色秀、香馨、汤清而久负盛名，畅销国内外。

茶汤

叶底

洞庭碧螺春

外形：条索纤细，卷曲如螺，满身披毫

色泽：银白隐翠

汤色：嫩绿清澈

香气：浓郁，具有花果香

滋味：鲜醇甘厚

叶底：嫩绿明亮

洞庭碧螺春茶芽多、嫩香、汤清、味醇，是我国的十大名茶之一。产于江苏省苏州市太湖洞庭山，洞庭分东、西两山，是我国著名的茶、果间作区，茶树与桃、李、杏、梅、柿、橘、白果、石榴等果木交错种植，茶树、果树枝桠相连，根脉相通，茶吸果香，花窨茶味，形成了碧螺春花香果味的独特品质。

碧螺春炒制的特点：手不离茶，茶不离锅，揉中带炒，炒中有揉，炒揉结合，连续操作，起锅即成。主要工序为杀青、揉捻、搓团显毫、烘干。碧螺春有"一嫩（芽叶）三鲜"（色、香、味）之称。当地茶农对碧螺春描述为"铜丝条，螺旋形，浑身毛，花香果味，鲜爽生津。"

干茶

南京雨花茶

外形：形似松针，紧直圆绿，锋苗挺秀，白毫显露
色泽：绿润、匀整、洁净
汤色：嫩绿明亮
香气：清香高长
滋味：鲜醇爽口
叶底：嫩绿明亮

干茶

茶汤

叶底

南京雨花茶创制于1958年，因产于南京中华门外的雨花台而得名。南京雨花茶以紧、直、绿、匀为其特色，南京地区空气湿润，山峦起伏，是栽培茶树的好地方。

南京雨花茶在原料选择和工艺操作上都有严格的要求，南京雨花茶的采摘精细，要求嫩度均匀，长度一致，具体标准是采摘半开展的一芽一叶为原料。经过杀青、揉捻、整形、烘炒四道工序，全工序皆用手工完成。南京雨花茶于曾先后数次荣获省优、部优产品称号，1982年在商业部召开的全国名茶评选会上，被评为全国30种名茶之一，1986年、1990年在全国名茶评选会上，又接连两届被评为全国名茶。

金坛雀舌

外形：扁平挺直，条索匀整，形似雀舌
色泽：绿润
汤色：嫩绿明亮
香气：清高
滋味：醇爽
叶底：嫩匀成朵

干茶

茶汤

叶底

金坛雀舌以其形如雀舌而得名，创制于1982年，属扁形炒青绿茶。产于江苏省金坛市方麓茶场。

金坛雀舌茶采于谷雨前，采摘标准为一芽一叶初展，芽叶长度3厘米以下，采回的芽叶进厂后均匀摊在竹匾上，经3～5小时的摊放，方可炒制。炒制工艺分杀青、摊凉、整形三道工序。金坛雀舌内含成分丰富，水浸出物、茶多酚、氨基酸、咖啡碱含量较高。金坛雀舌以其形如雀舌的精巧造型、翠绿的色泽和鲜爽的嫩香屡获好评，在多次名茶评比会中获奖，并荣获全国名茶称号。

南山寿眉

外形：紧圆略扁、形似扁眉、匀整披毫

色泽：翠绿

汤色：清澈明亮

香气：清雅持久

滋味：醇厚爽口

叶底：嫩匀明亮

干茶

茶汤

叶底

南山寿眉1985年开始创制，1986年通过技术鉴定，产于江苏省溧阳市李家园茶场，这里山峦起伏，云雾缭绕，气候温和，土壤湿润，适合种茶。

南山寿眉的采制技术特点：嫩采精拣，工艺不繁，技术精湛，连续操作，一气呵成。采摘标准为一芽一叶和一芽二叶初展，芽长1.5～2.0厘米，主要工艺分摊放、杀青、搓条显毫、辉锅四道工序。1989年农牧渔业部在西安召开的名茶评比会上荣获全国名茶称号。

溧阳白茶

外形：形似兰花，叶肉玉白，叶脉翠绿
色泽：翠绿金黄
汤色：鹅黄
香气：清爽幽雅
滋味：鲜爽，回甘生津
叶底：叶张的透明和茎脉的翠绿

干茶

茶汤

叶底

溧阳白茶产于江苏省溧阳市天目湖畔，属中亚热带北缘的丘陵山区，气候温暖，雨水充沛，日照充足，四季分明，无污染。溧阳白茶营养成分高于常茶2倍以上，经生化测定，氨基酸含量比普通茶叶高2倍多，茶多酚含量比普通茶叶低一半，叶绿素含量甚低，不苦不涩，清香甘爽。由于白茶品种珍稀，风格独特，品质超群，自古以来，白茶为世人所推崇，贵为绝品。溧阳白茶还有很好的保健作用，长期饮用溧阳白茶可以提高人体内脂酶活力，促进血糖平衡，降低患高血压风险，增强人体免疫力，同时白茶其性寒冷，清热去火，具有降低胆固醇、保护心血管系统的作用。

黄山毛峰

外形：形似『雀舌』，芽壮多毫
色泽：色如象牙、鱼叶金黄
汤色：清澈明亮
香气：清鲜高长
滋味：鲜浓、醇厚，回味甘甜
叶底：嫩黄肥壮，匀亮成朵

干茶

茶汤

叶底

黄山毛峰是清代光绪年间谢裕泰茶庄所创制，属绿茶烘青绿茶，黄山毛峰原产地为安徽省黄山市汤口镇、富溪乡一带。黄山为我国东部的最高山峰，素以苍劲多姿之奇松、嶙峋惟妙之怪石、变幻莫测之云海、色清甘美之温泉闻名于世。

黄山毛峰的制造分鲜叶、杀青、揉捻、烘焙四道工序。特级黄山毛峰条索细扁，形似“雀舌”，带有金黄色鱼叶（俗称“茶笋”或“金片”，有别于其他毛峰特征之一），形容黄山毛峰的品质特点，可用八个字，即香高、味醇、汤清、色润，堪称名茶极品。

茶汤

太平猴魁是中国历史名茶，创制于1900年。产于黄山北麓的黄山市黄山区，由于产地低温多湿，土质肥活，云雾笼罩，所以茶质别具一格。

太平猴魁的鲜叶采摘特别讲究，“尖头”要求芽叶肥壮，匀齐整枝，老嫩适度，叶缘背卷，且芽尖和叶尖长度相齐，以保证成茶能形成“二叶抱一芽”的外形。采摘回来的鲜叶分杀青、毛烘、足烘、复焙四道工序制成成品茶。太平猴魁花香高爽，滋味滑润甘甜，具有独特的“猴韵”，素有“猴魁两头尖，不散不翘不卷边”之称。叶色苍绿匀润，叶脉绿中隐红，俗称“红丝线”。太平猴魁品质按传统分法：猴魁为上品，魁尖次之，再次为贡尖、天尖、地尖、人尖、和尖、元尖、弯尖等传统尖茶。太平猴魁在1912年南京南洋劝业会和农商部陈列优质奖。1915年巴拿马万国博览会上获得金奖及“万人品茶”专用茶等荣誉。

叶底

太平猴魁

外形：扁平挺直，两端略尖，肥厚壮实

色泽：苍绿匀润，全身毫白

汤色：清绿

香气：高爽持久，蕴有诱人的兰花香

滋味：鲜爽醇厚，回味甘甜

叶底：嫩绿柔软，两叶抱一芽

干茶

六安瓜片

外形：似瓜子形的单片，自然平展
色泽：深绿油润
汤色：清澈透亮
香气：清香高长
滋味：鲜醇回甘
叶底：绿嫩明亮

干茶

茶汤

叶底

六安瓜片是国家级历史名茶，创制于唐代。六安瓜片产于六安、金寨、霍山三县之毗邻山区和低山丘陵，分内山瓜片和外山瓜片两个产区。内山瓜片产地有金寨县的响洪甸、鲜花岭、龚店，六安县的黄涧河、双峰、龙门冲、独山，霍山县的诸佛庵；外山瓜片产地有六安市的石板冲、石婆店、狮子岗、骆家庵，产量以六安最多，品质以金寨最优。

六安瓜片采自当地特有的茶树品种鲜叶，经扳片、剔去嫩芽及茶梗，通过独特的传统加工工艺制成的形似瓜子的片形茶叶。六安瓜片既是消暑解渴的饮品，又具有清心明目、提神消乏的作用，更是消食、解毒、美容、抗疲劳的保健佳品。

茶汤

涌溪火青起源于明朝，久负盛名，产于安徽省泾县城东70千米涌溪山的丰坑、盘坑、石井坑湾头山一带。涌溪火青的产地青山环抱，云雾缭绕。此茶常年与山花为邻，白云作伴，故叶如碧玉、味似花香。采摘标准为一芽二叶，身长为3厘米左右，匀净整齐。鲜叶经拣剔、杀青、揉捻、炒干、做形、筛选等工序制成，火青制造技术之精华在于炭火烘干。

叶底

涌溪火青

外形：颗粒腰圆，紧结重实
色泽：墨绿油润，白毫隐伏
汤色：嫩绿微黄，鲜艳明亮
香气：清高，花香浓郁
滋味：醇厚，爽口甘甜
叶底：嫩匀有光泽

干茶

休宁松萝茶

外形：条索紧卷匀壮
色泽：绿润
汤色：黄绿明亮
香气：幽香高长，带有橄榄香味
滋味：浓厚回甘
叶底：嫩绿柔软

干茶

茶汤

叶底

休宁松萝茶为历史名茶，属绿茶类，创于明代隆庆年间（1567—1572年），产于安徽休宁城北的15千米的松萝山。松萝茶目前的采制技术与屯绿炒青相似，但要求比较严格。松萝茶区别于其他名茶的显著特点是“三重”，即色重、香重、味重，也被誉为“色绿、香高、味浓”，饮后令人神驰心怡，古人有“松萝香气盖龙井”之赞辞。

休宁松萝茶具有较高的药用价值，古医书中多有记载。《本经蓬源》：“徽州松萝，专于化食。”《中药大辞典》（1930年赵公尚编著）：“松萝茶产于徽州，功用：消积滞油腻，消火、下气、降痰。”松萝山地域狭小，限制了休宁松萝茶的发展，产量不多，每年求购者多以入药疗疾为目的，茶品供不应求。

老竹大方

外形：扁平匀齐，挺秀光滑
色泽：翠绿微黄
汤色：清澈微黄
香气：高长，有板栗香
滋味：醇厚爽口
叶底：嫩匀，芽叶肥壮

干茶

茶汤

叶底

老竹大方由僧人大方创制于明代（1567—1572年），清代已入贡茶之列，距今已有400多年历史。产于安徽歙县东北部皖浙交界的昱岭关附近，集中产区有老竹铺、三阳坑、金川，品质以老竹岭和福泉山所产的“顶谷大方”为最优。老竹大方茶产区范围不大，但产量颇多。大方按品质分为顶谷大方和普通大方（又分6级12等），其中“顶谷大方”为近年来恢复生产的极品名茶。

“顶谷大方”在谷雨前采摘，采摘标准为一芽二叶初展。一般大方于谷雨至立夏采摘，以一芽二三叶为主。鲜叶加工前要进行选剔和摊放，炒制分杀青、揉捻、做坯、拷扁、辉锅五道工序。老竹大方在市场上很受欢迎，近年来日本医药界宣称老竹大方有减肥健美功效，因而冠以“健美茶”之美名。

敬亭绿雪

外形：形如雀舌，挺直饱满
色泽：翠绿，身披白毫
汤色：清澈明亮
香气：嫩香持久
滋味：醇和爽口
叶底：嫩绿成朵

干茶

茶汤

叶底

敬亭绿雪为我国历史名茶，闻名于明代，曾为贡茶，恢复于1972年安徽省敬亭山茶场，1978年通过审评鉴定。产于安徽省宣州市北敬亭山。

敬亭绿雪在清明至谷雨采制，采摘标准为一芽一叶初展，大小匀齐，芽齐叶尖，形似雀舌，加工工艺分杀青、做形、烘干三道工序。敬亭绿雪分特、一、二、三共四个等级。因小环境而异，干茶呈板栗香型、兰花香型或金银花香型。有诗赞誉：“形似雀舌露白毫，翠绿匀嫩香气高，滋味醇和沁肺腑，沸泉明瓷雪花飘。”1982年和1987年分获国家对外经济贸易部和安徽省名优茶证书。

茶汤

瑞草魁是具有千年以上悠久历史的古代名茶，恢复创制于1985—1986年，产于安徽南部的鸦山阳坡，又名鸦山茶。

瑞草魁于清明至谷雨间开采，开始采一芽一叶，芽长于叶，制一等茶；中期采一芽二叶初展，芽叶基本等长，制二等茶；后期采一芽三叶，制三等茶。瑞草魁的制作分杀青、理条做形、烘焙三道工序。

叶底

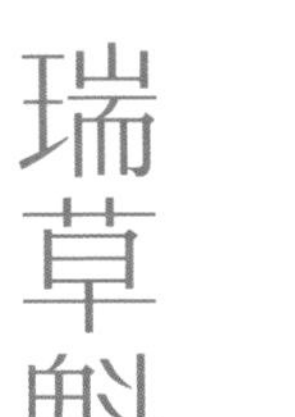

瑞草魁

外形：挺直略扁，肥硕饱满，大小匀齐

色泽：翠绿，白毫隐现

汤色：淡黄绿，清澈明亮

香气：高长持久

滋味：鲜醇爽口

叶底：嫩绿明亮，均匀成朵

干茶

天柱剑毫

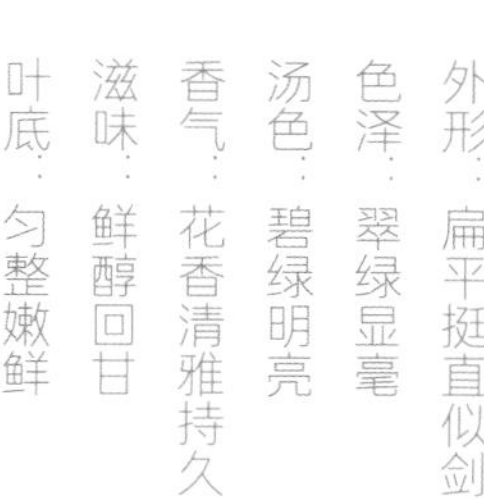

外形：扁平挺直似剑

色泽：翠绿显毫

汤色：碧绿明亮

香气：花香清雅持久

滋味：鲜醇回甘

叶底：匀整嫩鲜

干茶

茶汤

叶底

天柱剑毫创制于唐代，称舒州天柱茶。1980年恢复生产，因外形扁直似剑，故称天柱剑毫。产于安徽省潜山县天柱山一带。

天柱剑毫采摘期一般在4月5日至4月25日，按照一芽一叶的标准进行分期分批采摘。鲜叶分一芽一叶初展、一芽一叶开展、一芽二叶初展三个等级。制茶分摊青、杀青、炒坯、提毫、初烘、复烘、足烘、拣剔整形、包装等工序。天柱剑毫内含丰富的多酚类、氨基酸等多中有益成分，具有消食去腻、止渴生津、益思少卧、利尿解毒等药理功能。天柱剑毫以其优异的品质、独特的风格、峻峭的外表已跻身于全国名茶之列。

黄山绿牡丹

外形：墨绿色菊花，白毫显露
色泽：黄绿隐翠
汤色：黄绿明亮
香气：馥郁持久
滋味：醇厚带甘
叶底：成朵，黄绿鲜活

干茶

茶汤

叶底

黄山绿牡丹为新创名茶，创制于1986年。产于安徽歙县大谷运乡的岱岭一带，岱岭为黄山支脉，其主峰高达1400米，茶园多分布在海拔500～700米的深山幽谷之中。那里山高谷深，重岩叠翠，筱竹掩映，古树参天，雨量充沛，气候温湿，土质肥沃，适合茶树生长。

采摘标准为谷雨前后采一芽三叶，加工工序是杀青轻揉、初烘理条、选芽装筒、造型美化、定形烘焙、足干贮藏。黄山绿牡丹1986年评为安徽省“具有独特风格”的创新优质茶。1987年评为商业部“既有宜人的饮用价值，又有感人的观赏价值”的创新优质茶。

屯绿

外形：条索纤细匀整
色泽：绿润起霜
汤色：碧绿明亮
香气：清高馥郁
滋味：鲜浓爽口
叶底：嫩绿匀整

干茶

茶汤

叶底

屯绿又称“眉茶”，有“绿色黄金”之誉，创制于清朝嘉庆、道光年间，主要产区为黄山脚下休宁、歙县、祁门、黟县四县，以及祁门县东部等地。屯溪绿茶是因为这些茶乡所产的绿茶均经由屯溪集散、输出，故统称屯绿。

屯绿以“叶绿、汤清、香醇、味厚”四绝而闻名。早在清代光绪年间，“屯绿”就誉满国内，并销往欧洲和美国。1949年以后，屯溪绿茶的生产销售进入了新的时期，品种不断创新，畅销80多个国家和地区，1988年9月在雅典举行的第二十七届世界优质食品评选大会上，屯绿获得银质奖。

茶汤

汀溪兰香创制于1989年，产于安徽泾县汀溪大坑，这里四季山清水秀，长年云雾环绕。每当春季来临，山上兰花竞相开放，缕缕馨香遍布全境，在此生长的茶叶具有兰花之馨香。

兰香茶采摘标准为一芽一叶初展，采回的鲜叶必须立即摊放，一般是上午采、下午制。汀溪兰香的制作工艺并不复杂，分为杀青和烘焙两道。汀溪兰香是在原有的汀溪提魁基础上采用传统手工工艺精制而成。其色、形、味别有特色，并具有特殊的兰花香味。这与汀溪大坑原始森林、自然环境有着密切关系。汀溪兰香茶具有明目、清心、减肥、提神等作用，已连续荣获中国国际茶叶博览会金奖。

叶底

汀溪兰香

外形：形如绣剪，平直舒展

色泽：翠绿

汤色：嫩绿明亮

香气：清香持久

滋味：鲜醇甘爽

叶底：嫩黄、匀整肥壮

干茶

岳西翠兰

外形：芽叶相连，舒展成朵

色泽：翠绿

汤色：浅绿明亮

香气：清香高长

滋味：醇浓鲜爽

叶底：嫩匀成朵

干茶

茶汤

叶底

岳西翠兰是新创名茶，创制于二十世纪八十年代。产于皖西大别山腹地岳西县境内的主薄、头陀、来榜区，是生长在大别山区的优质云雾茶。

岳西翠兰是在地方名茶小兰花的传统制作技术基础上创制的。谷雨前后选采一芽二叶，用竹帚翻炒杀青，继而手工造形，后经炭火烘焙而成。岳西翠兰品质特点突出在“三绿”，即干茶色泽翠绿、汤色碧绿、叶底嫩绿。具有生津止渴、提神醒脑、明目、清热、利尿、消积、解毒之功效。1985年被农牧渔业部评为全国名茶。

狗牯脑

外形：紧细微勾
色泽：乌润显毫
汤色：黄绿明亮
香气：香高持久
滋味：醇厚回甘
叶底：嫩绿完整

干茶

茶汤

叶底

狗牯脑也称狗牯脑石山茶，创制于清代嘉庆元年（1796年），距今已有近200多年的历史。产于江西省遂川县汤湖乡的狗牯脑山，狗牯脑山矗立于罗霄山脉南麓支系群山之中，山中林木苍翠，溪流潺潺，常年云雾缭绕，四时清泉不绝，冬无严寒，夏无酷暑，土壤肥沃，是得天独厚的名茶产地。

狗牯脑茶叶采自当地群体小叶种，每年清明前后开采，标准为一芽一叶。加工工艺分为杀青、揉捻、整形、烘焙、炒干和包装六道工序。狗牯脑茶外形紧结秀丽，条索匀整纤细，颜色碧中微露黛绿，表面覆盖一层细、软、嫩的白绒毫，莹润生辉。茶水清澄而略呈金黄，喝后清凉芳醇，香甜沁入肺腑，口中甘味经久不去。饮狗牯脑茶能提神醒脑，消食去腻，益肝利肾。1915年，在美国旧金山举办巴拿马－太平洋国际博览会，狗牯脑茶获得金质奖章和奖状。

婺源茗眉

外形：弯曲似眉
色泽：翠绿光润
汤色：清澈明亮
香气：鲜浓持久
滋味：鲜爽甘醇
叶底：嫩匀完整

干茶

茶汤

叶底

婺源茗眉为创新名茶，创制于1985年，产于江西省婺源县。婺源茗眉是以上梅州茶树良种和本地大叶种的鲜叶为原料，经精细加工而成，由于茶树生长条件优越，茶树品种良好，采制精细，成茶品质甚优。鲜叶采摘标准为一芽一叶初展，加工工艺十分细致，分鲜叶摊放、杀青、揉捻、烘坯、锅炒、复烘六道工序。

婺源茗眉含有丰富的营养成分和芳香物质，尤其蛋白质、氨基酸、维生素、咖啡碱、儿茶素、水浸出物等含量均高，为眉茶之极品，婺源茗眉在1986年被商业部评为优质名茶。

茶汤

叶底

婺源仙芝主要产于江西婺源古坦乡。婺源地处赣、浙、皖三省交界，北枕黄山，西临景德镇，是中国的“名茶之乡”和“生态农业示范县”，被誉为中国南部“最后的香格里拉”。婺源仙芝茶产于高山区，从不用化肥农药，用茶树的幼芽叶为原料，并经纯手工多道工艺精制而成，具有生津止渴、健胃提神、解毒利尿之功效，是婺源绿茶中的珍品。

婺源仙芝

外形：细、紧、直
色泽：白毫披露
汤色：清澈明亮
香气：清香雅淡
滋味：醇厚鲜爽，回味甘甜
叶底：肥壮

干茶

外形：紧细螺旋弯曲，翠绿显峰苗

色泽：嫩绿油润

汤色：碧绿明亮

香气：嫩香高久

滋味：鲜爽醇厚

叶底：芽叶成朵，厚实鲜艳

干茶

茶汤

叶底

婺源云翠产于江西婺源县，处赣东北山区，这里“绿丛遍山野，户户有香茶”，是我国著名的绿茶产区，地势高峻，峰峦耸立，山清水秀，土壤肥沃，气候温和，雨量充沛，终年云雾缭绕，最适宜栽培茶树。

婺源云翠在每年的4月下旬开始采摘，手工采摘，手工制作。鲜叶以一芽二叶初展为标准，经杀青、揉捻、炒坯、做形、复炒、烘干等工序加工而成。英国人威廉·乌克斯所著的《茶叶全书》中说：“婺源茶为中国绿茶中品质之最优者”。而又有语“中国绿茶看婺源，婺源茶好在婺北”，婺源云翠不愧为绿茶之上品。

双井绿

外形：圆紧略曲，形如凤爪
色泽：翠绿光润
汤色：清澈明亮
香气：高香持久
滋味：鲜醇回甘
叶底：嫩绿柔软

干茶

双井绿产于江西省修水县杭口乡“十里秀水”的双井村。该村江边有座石崖形成的钓鱼台，台下有两井，在一块石崖上，镌刻着黄庭坚手书“双井”两字。古代“双井茶”属蒸青散茶类，用蒸气杀青，再烘干、磨碎、煮饮。如今的“双井绿”，分为特级和一级两个品级。特级以一芽一叶初展，芽叶长度为2.5厘米左右的鲜叶制成；一级以一芽二叶初展的鲜叶制成。加工工艺分为鲜叶摊放、杀青、揉捻、初烘、整形提毫、复烘六道工序。

茶汤

1985年在江西省名茶评比鉴定中，被评为全省八大名茶之一，并荣获名茶证书；1984年以精致的小包装参加庐山茶叶展销会，博得中外客商、游人、消费者的高度赞赏。

叶底

井冈翠绿

外形：条索细紧曲勾

色泽：翠绿多毫

汤色：清澈明亮

香气：鲜嫩清幽

滋味：甘醇爽口

叶底：嫩绿明亮

干茶

茶汤

叶底

井冈翠绿是江西省井冈山垦殖场茨坪茶厂经过十余年的努力创制而成的。产于江西井冈山，井冈山四季风光如画，空气清新，茶树生长旺盛，所制茶叶品质甚好。

井冈翠绿的鲜叶标准为一芽一叶至一芽二叶初展，多采自谷雨前后。鲜叶采后，略经摊放，经过杀青、初揉、再炒、复揉、搓条、搓团、提毫、烘焙八道工序制成。井冈翠绿放入杯中冲泡，芽叶吸水散开，宛如天女散花，徐徐而降，再等片刻，芽叶散开更大，又如兰花朵朵在水中盛开，栩栩如生，给人以一种美的享受。1982年被评为江西省八大名茶之一，1985年分别被评为江西省和农牧渔业部的优质名茶，1988年被评为江西省新创名茶第一名。

茶汤

叶底

小布岩茶

外形：弯曲如细眉
色泽：白毫显露，锋苗秀丽
汤色：黄绿明亮
香气：嫩香持久，伴有兰花香
滋味：醇厚鲜爽
叶底：嫩绿匀净

小布岩茶始种于1969年。产于江西省宁都县小布镇境内环境幽雅的岩背脑群山之中，茶区位于武夷山脉支系钩刀嘴峰的半山腰。小布岩茶以其鲜叶原料柔嫩、芽叶肥壮、制工精巧、制形美观、内质优良、经久耐泡而闻名。冲泡三四次滋味尚浓，香气犹存。这种良好的品质，固然是精细的加工工艺所造成，但还与独特要求的鲜叶原料有关。

小布岩茶的鲜叶，一般在清明前后采摘，标准为一芽一叶初展，芽叶总长度3～3.5厘米；加工工艺分为杀青、初揉、炒二青、复揉、初干理条、摊凉、提毫和烘干八道工序。其独特品质的形成，主要在于“初干理条”和“提毫”。

干茶

浮瑶仙芝

外形：条索紧细、白毫微显
色泽：翠绿
汤色：黄绿明亮
香气：兰花高香
滋味：鲜爽
叶底：嫩绿匀整

干茶

茶汤

叶底

浮瑶仙芝产于中国茶叶的皖浙赣“金三角”核心地带，境内峰峦叠嶂，植被丰厚，气候温和，雨水丰沛，光照充足。地势由海拔一千多米向二三百米逐渐过渡，承接着长江和鄱阳湖湿润的水汽；山区“晴天早晚遍地雾，阴雨之时满山云”，非常适宜茶叶生长和发育，并采用土灶柴薪，手工搓揉，精心烘焙，原始土法制作而成。2003年“浮瑶仙芝”茶被国务院选定为特选礼品茶，作为国礼馈赠外宾。得到了世界著名的日本茶道、茶艺、茶礼专家里千家大宗将的高度赞扬，2004—2007年浮瑶仙芝连续获得绿色食品AA和中绿华夏有机食品称号。

天华山银针

外形：条索紧结似银针
色泽：绿润
汤色：杏绿明亮
香气：清高纯正
滋味：味厚甘醇
叶底：嫩匀

干茶

茶汤

叶底

天华山银针是新创名茶，产于江西贵溪市文坊镇天华山，天华山具备得天独厚的自然和生态条件，天华山银针的鲜叶采自天华山优质的野生茶和福鼎大白茶优良茶树品种，采摘谷雨前的单芽或单芽半展嫩叶为主原料，在18～20℃（室温）下滩晾4～6小时，180～190℃锅温杀青4～5分钟，冷却10分钟左右，40℃左右杀二青9～10分钟，130℃左右初干，当水分散发75%时做形，定形后90～110℃复干，九成干后提香，时间因茶而定。经摊凉、杀青、初干、再杀青、复干、做形、提香、足干、分选、计量、包装等程序全手工精制而成，入口颇有清香，回味无穷。

天华山银针荣获江西省首届茶叶博览会银奖，目前，天华山茶场种植总面积达2000多亩，年平均产量达600吨，生产的天华山系列品牌绿茶，被原农业部农产品质量安全中心认定为“无公害茶叶”。

资溪白茶

外形：芽毫完整或形态自如花朵
色泽：润绿
汤色：鹅黄，清澈晶亮
香气：醇香
滋味：鲜爽，回味甘甜
叶底：肥壮、叶片乳白色

干茶

茶汤

叶底

资溪白茶是江西省的佳茗新秀，创制于2003年，产于素有“生态王国、华厦翡翠”美誉之称的资溪县。2006年7月，在江西省名茶评比大会上，在参赛的73家茶叶生产单位角逐中质冠群雄而荣获金奖，并获江西省首届农博会“畅销产品奖”。2007年，资溪白茶通过省级无公害论证。2008年初在江西省首届茶博会上荣获金奖。同年3月，江西省农业经作部门领导对资溪白茶给予充分肯定，认为资溪白茶是目前全省最好的绿茶。产品热销江苏、浙江、上海一带，并远销到韩国、日本等国家。

茶汤

叶底

天山绿茶是福建省的历史名茶，1979年恢复生产，为闽东烘青绿茶的极品。主产地是从无坪山的“中心葫”延伸，东接章后，西连际头，南达留田，北至芹屿，分布在里、中、外天山，方圆约10千米，近百个村落。品质特优，尤其是里、中、外天山所产的绿茶品质更佳，称作“正天山绿茶”。

采摘标准为一芽一叶和一芽二叶初展。加工工艺有凉青、杀青、揉捻、烘干（毛火和足火）四道工序。天山绿茶具有“三绿”特色，即色泽翠绿、汤色碧绿、叶底嫩绿，饮之幽香四溢，齿颊留芳，令人心旷神怡。自从恢复生产以来，曾多次在市、省及全国名茶评比会上获奖。宁德茶厂以“天山一路银毫”为原料窨制的“天山银毫”茉莉花茶，在1979年全国内销花茶评比会上名列前茅。

天山绿茶

外形：条索紧细、匀整
色泽：翠绿
汤色：清澈明亮
香气：香似珠兰，清雅持久
滋味：浓厚回甘
叶底：嫩绿匀齐

干茶

安化松针

外形：长直紧细，宛如松针

色泽：翠绿

汤色：清澈明亮

香气：馥郁持久

滋味：醇厚

叶底：匀嫩

干茶

茶汤

叶底

安化松针创制于1959年，产于湖南省安化县，是我国特种绿茶中针形绿茶的代表。

安化松针的采摘以一芽一叶初展为标准，加工工艺分为鲜叶摊放、杀青、揉捻、炒坯、摊凉、整形、干燥、拣剔八道工序。安化松针问世不久，即以独具的特色，跻身于全国名优茶行列，声名大振，饮誉海外，屡获殊荣。1991—1997年，安化松针曾五度被评为湖南省名茶。

安化银毫

外形：紧细卷曲、白毫显露
色泽：翠绿
汤色：清澈明亮
香气：高锐持久
滋味：鲜醇清爽
叶底：鲜绿均匀

干茶

茶汤

叶底

安化银毫于1992—1994年研制开发。产于湖南省安化柘溪水库库区，这里雨量充沛、环境优美，温度适中，无污染。安化银毫采摘标准为一芽一叶初展，利用先进机械设备和高超技术加工而成。茶叶外形紧细卷曲，白毫显露，汤色明亮，香气持久。1994年被湖南省农业厅评为“湖南名茶”，1995年获湖南省“湘茶杯”金奖，1997年湖南省农业厅名优茶评比中获银奖，2000年在中国第二届国际名茶评比中获银奖。常年产量1吨左右。

安化金币茶

外形：紧压成形如硬币大小
色泽：翠绿
汤色：清澈明亮
香气：清香持久
滋味：醇厚回甘
叶底：黄绿柔软

干茶

茶汤

叶底

安化金币茶产于湖南省安化柘溪库区，紧邻六步溪原始次森林地带，平均海拔800多米，茶园分布区雨量充沛，云雾缭绕，山水精华孕育了优质的茶叶内质，为生产优质名茶提供了良好的生态环境。

安化金币茶精选高山鲜嫩茶芽精制而成，形美色翠，香高味醇，细细品味，惟觉唇齿留香，神静气宁，的确是茶中珍品。

茶汤

叶底

高桥银峰是湖南省茶叶研究所于1957年创制成功的，是一种特种炒青绿茶，具有形美、香鲜、汤清、味醇的特色。产于湖南长沙市东郊玉皇峰下。

高桥银峰多以福鼎大白茶与白毫早良种的一芽一叶初展鲜叶为原料，在制作工艺上，有杀青、清风、初揉、初干、做条、提毫、摊凉、烘焙八道工序，其中“提毫”是关键。高桥银峰由于对鲜叶原料的采摘要求很高，时间局限性大，加工时又刻意求精，所以每年茶叶产量屈指可数。高桥银峰茶被列为中国名茶和外事部门的礼茶，1989年在农业部主办的全国名茶评选中获名茶称号。

干茶

高桥银峰

外形：条索紧细、卷曲、显毫
色泽：翠绿
汤色：晶莹明亮
香气：高悦持久
滋味：纯浓回甘
叶底：嫩匀明净

古丈毛尖

外形：条索紧细、锋苗挺秀
色泽：翠润，白毫满披
汤色：黄绿明亮
香气：清香馥郁
滋味：醇爽，回甘生津
叶底：绿嫩匀整

干茶

茶汤

叶底

古丈毛尖为历史名茶，唐代入贡，清代又列为贡品。产于湖南武陵山区古丈县，主要茶区在古阳镇东部的龙天坪、牛角山一带。

古丈毛尖采摘芽茶或一芽一叶初展的芽头，经摊青、杀青、揉条、炒坯、摊凉、整形、干燥、筛选八道工序，一丝不苟，精制而成。古丈毛尖曾于德国莱比锡国际博览会展出。1980年以来连续五次被评为湖南省名茶。1982年商业部在长沙召开的全国名茶评比会上被评为全国名茶，1983年对外贸易经济合作部又颁发了优质产品荣誉证书。古丈毛尖深受国内广大爱茶者的好评，在俄罗斯、日本和东南亚各国也久负盛誉。

恩施玉露

外形：纤细挺直如针
色泽：苍翠绿润
汤色：嫩绿明亮
香气：清高
滋味：醇和回甘
叶底：嫩绿匀整

干茶

茶汤

叶底

恩施玉露是我国目前保留下来的为数不多的传统蒸青绿茶，原称“玉绿”，后改名为“玉露”，产于湖北恩施土家族苗族自治州南部的芭蕉乡及东郊五峰山。

恩施玉露的制作，除杀青方法仍然沿用蒸汽杀青外，做工较前更为精巧。高级恩施玉露采用一芽一叶、大小均匀、节短叶密、芽长叶小、色泽浓绿的鲜叶为原料。加工工艺分为蒸青、扇凉、炒头毛火、揉捻、炒二毛火、整形上光、烘焙、拣选等工序。恩施玉露的显著特点是“三绿”（茶绿、汤绿、叶底绿），于1945年外销日本，从此名扬于世，并深受国人及东南亚一带人民的喜爱，屡次被评为名茶。

峡州碧峰

外形：条索紧秀显毫
色泽：翠绿油润
汤色：黄绿明亮
香气：香高持久
滋味：鲜爽回甘
叶底：嫩绿匀整

干茶

茶汤

叶底

峡州碧峰为新创名茶，属半烘半炒条形绿茶，创制于1979年。产于宜昌县（今宜昌市夷陵区）西陵峡一带。

峡州碧峰茶采摘要求以一芽一二叶为主，加工工艺包括鲜叶摊放、杀青、摊凉、初揉、初烘、整形、提毫、烘干八道工序。1984年，峡州碧峰通过湖北省科学技术委员会鉴定，定为湖北名茶。峡州碧峰自批量生产投放市场后，行销北京、上海、广州、武汉、深圳等大中城市和香港地区，并转销英、美、日、德等国。

茶汤

叶底

双桥毛尖

外形：条索细紧、显毫
色泽：翠绿
汤色：黄绿明亮
香气：清高持久
滋味：醇厚
叶底：嫩绿匀齐

双桥毛尖又称“大悟毛尖”，是条形烘青绿茶，于20世纪70年代中期研制。产于湖北省大悟县的双桥。大悟位于湖北省东北部的丘陵山区，在这绵延起伏的山谷中，群山重叠，巨石林立，山花烂漫，溪流清澈，晴天雾罩日，雨天云接地，其中万泉寨、阮陀寺、天仙庵、罗汉岭一带是双桥毛尖的主要产地。

双桥毛尖的鲜叶采摘标准为一芽一二叶，经生锅、杀青、熟锅、二青、理条、烘焙等工序制成。成品茶条索紧细显锋苗，分特级、一级、二级三个等级，主销大悟县及孝感、信阳、武汉市等。

干茶

龟山岩绿

外形：条索紧细圆直，锋毫显露
色泽：翠绿
汤色：碧绿清亮
香气：清高持久
滋味：醇厚回甜
叶底：黄绿嫩匀

干茶

茶汤

叶底

龟山岩绿史称龟山云雾茶，1959年，在吸收龟山云雾茶的传统制作工艺上，研制出云雾茶之极品——龟山岩绿茶。产于大别山南麓的湖北省麻城市龟峰山。

龟山岩绿的鲜叶标准为一芽一叶或一芽二叶初展。加工工艺分为高温杀青、分次揉捻、及时初干、快匀巧整形和小火长炒六道工序。快、匀、巧整形工序是塑造龟山岩绿外形圆、直、紧、细的重要过程。龟山岩绿自问世后，就以其优异的品质特征获得了很高的声誉，早在二十世纪六十年代即送香港展出，七十年代带至美国俄亥俄州展销，均获好评，1988年被农业部评为优质产品，1993年在湖北省“百茗争春”茶会中评为“湖北名茶”。

采花毛尖

外形：细秀匀直显露
色泽：翠绿油润
汤色：清澈
香气：高而持久
滋味：鲜爽回甘
叶底：嫩绿明亮

干茶

茶汤

叶底

采花毛尖创制于20世纪80年代。产于湖北省五峰土家族自治县西部的采花乡，采花乡东接县城，西控巴东，南邻鹤峰，北出清江。采花毛尖选用有机茶基地的优质芽叶精制而成，富含硒、锌等微量元素及氨基酸、芳香物质、水浸出物，使茶叶形成香高、汤碧、味醇、汁浓的独特品质，对增强人体免疫力具有重要的功效。采花毛尖系列茶多次获得国际、国内金奖，1998年获得国家名牌产品称号，1999年被评为湖北十大名优茶精品，并位居榜首。

五峰毛尖

外形：紧细圆直显毫
色泽：翠绿
汤色：嫩绿明亮
香气：栗香持久
滋味：鲜醇回甘
叶底：嫩绿匀齐

干茶

茶汤

叶底

五峰毛尖为直型毛尖茶，产于湖北省五峰土家族自治县。该县境内群山叠翠，云雾缭绕，空气清新，雨水丰沛，素有“中国名茶之乡”“三峡南岸后花园”之美誉，产自这里的茶叶以其香清、汤碧、味醇、汁浓及强身健体而著称。五峰毛尖做工精细、品质优良，一般在清明前后10天，采摘一芽一二叶初展鲜叶为原料，加工工艺包括杀青、揉捻、二青、搓条、烘焙等工序。

茶汤

叶底

外形：条索紧结

色泽：绿润

汤色：黄绿明亮

香气：栗香悠长

滋味：醇厚回甘

叶底：嫩绿明亮

邓村绿茶是炒青绿茶中的名品，产于湖北省宜昌县邓村乡，茶区在长江三峡西陵峡北岸，距举世瞩目的三峡大坝坝址仅23千米，是湖北省著名茶乡。主要产区还包括宜昌市夷陵区邓村乡、太平溪镇、乐天溪镇、三斗坪镇、下堡坪乡、雾渡河镇、樟村坪镇、黄花乡，共8个乡镇的现辖行政区域。

邓村绿茶鲜叶嫩度要求一芽一叶为主，加工工艺包括摊青、杀青、摊凉、去杂、揉捻、初烘、摊凉、滚炒、摊凉、提香、精拣、割末等工序。邓村茶农十分注意保护生态环境，茶园又分布在高山峡谷之中，环境没有受到任何工业废气污染，被国家绿色食品办公室批准为AA级绿色食品。

干茶

信阳毛尖

外形：细秀匀直，显峰苗

色泽：翠绿，白毫遍布

汤色：黄绿明亮

香气：鲜嫩高爽

滋味：浓醇，回甘生津

叶底：嫩绿明亮、细嫩匀齐

干茶

茶汤

叶底

信阳毛尖也称“豫毛峰”，为全国十大名茶之一。产于河南大别山区的信阳市（主要集中在山区），驰名产地是五云（车云、集云、云雾、天云、连云）、两潭（黑龙潭、白龙潭）、一山（震雷山）、一寨（河家寨）、一寺（灵山寺）。

信阳毛尖是用上等优质茶青炒制出来的，一般采摘一芽一叶初展鲜叶为原料、炒制工艺独特，分“生锅”“熟锅”“烘焙”三个主要工序。信阳毛尖素来以“细、圆、光、直、多白毫、香高、味浓、汤色绿”的独特风格而饮誉中外。信阳毛尖外形细、圆、紧、直、多白毫，内质清香，汤绿味浓。1915年在巴拿马万国博览会上获名茶优质奖状，1959年被列为我国十大名茶之一，深受消费者欢迎。

仰天绿雪

外形：平伏略扁、条索匀齐
色泽：翠绿油润
汤色：嫩绿微黄，清澈明净
香气：清香持久
滋味：鲜醇甘厚
叶底：嫩绿明亮

干茶

茶汤

叶底

仰天绿雪是河南省信阳地区继信阳毛尖之后的名茶新秀，属于烘青绿茶，产于河南省信阳地区固始县，因其产地山高谷深，仰面朝天，春天山顶冰雪未融，山腰茶芽却已萌发而得名。

仰天绿雪依其鲜叶采摘标准，分为三个不同品级。用一芽一叶的鲜叶加工而成的为一级；一芽二叶初展鲜叶制成的为二级；稍大的一芽二叶鲜叶制成的为三级。采用鲜叶摊放、杀青、做形、烘干三道工序，即成色、香、味、形俱佳的“绿雪”名茶。

赛山玉莲

外形：扁秀挺直，白毫满披

色泽：形白如玉，绿如莲叶

汤色：浅绿明亮

香气：嫩香持久

滋味：甘醇鲜爽

叶底：嫩绿鲜活

干茶

茶汤

叶底

赛山玉莲是河南著名茶苑中的一朵新秀，产于光山县凉亭乡赛山一带，这里位于大别山北麓，光山县城东南部。赛山在凉亭乡境内，位于鄂豫皖三省结合部，整个游览区占地面积16平方千米，有生态林3600亩，赛山海拔374.3米，属大别山余脉。赛山玉莲采摘标准严格，时间一定要在清明前后，加工工艺为杀青、做形、摊放、整形、烘干。赛山玉莲以其优良的品质和独特的风韵而脍炙人口，备受赞誉。1990年被评为河南省新名茶。

茶汤

叶底

桂平西山茶始于唐代，到了明代已享盛名，又名棋盘石西山茶、棋盘仙茗，在广西的名茶中，桂平西山茶品质最好。桂平西山茶产于广西壮族自治区桂平县的西山，这里集名山、名泉、名寺、名茶于一地。

西山茶的采摘特点是勤采嫩摘，采用手工炒制，在洁净光滑的铁锅内进行，全程采用抖、翻、滚、甩、拉、压、捺等多种手法。桂平西山茶经饮耐泡，尤其是采用西山乳泉烹饮更是脍炙人口，饮后齿颊留芳，耐人寻味。常饮西山茶，有健脾壮身的作用，由此畅销国内外，得到各方人士的高度赞扬，曾在1982年和1984年两次被评为全国名茶。

干茶

桂平西山茶

外形：紧细匀称，苗锋显露
色泽：青黛
汤色：碧绿清澈
香气：幽香持久
滋味：醇和回甘
叶底：嫩绿明亮

桂林毛尖

外形：条索紧细，白毫显露
色泽：翠绿
汤色：碧绿清澈
香气：清高持久
滋味：醇和鲜爽
叶底：嫩绿明亮

干茶

茶汤

叶底

桂林毛尖为绿茶类新创名茶，20世纪80年代初创制成功。产于广西桂林市尧山地带，茶区风景宜人、气候温和，尤其是清明采茶时节云雾缭绕，十分有利于茶树的生长。

桂林毛尖选用从福建引种的福鼎种和福云六号等良种的芽叶为原料，于清明前后采摘，标准为一芽一叶初展。茶加工方法类似于高级烘青茶，主要工艺分鲜叶摊放、杀青、揉捻、干燥（毛火和足火）、复火提香等工序。桂林毛尖是富硒茶，有良好的保健作用。1985年和1989年先后两次被评为农业部优质茶，并在德国试销，获得国际友人的好评。

凌云白毫

外形：条索肥壮、白毫遍体
色泽：银灰透翠
汤色：碧绿清澈
香气：清香持久
滋味：浓厚，香甜可口
叶底：嫩绿明亮

干茶

茶汤

叶底

凌云白毫又名凌云白毛茶，以色翠、毫多、香高、味浓、耐泡五大特色闻名，是我国名茶中的新秀。产于广西壮族自治区凌云、乐业二县，以青龙山一带的玉洪、加尤两地的白毫茶品质最佳，产量最多。

凌云白毫茶树品种独特，是乔木大叶种类型，芽叶密披茸毛，以白毫满身而得名。凌云白毫采摘标准严格，特级茶的鲜叶以一芽一叶为主。制法经杀青、揉捻、烘干三道工序制成。凌云白毫具有助消化、解腻利尿、提神醒目等功能。凌云白毫除内销外，还销往摩洛哥、爱尔兰等地，曾获得摩洛哥国王的赞赏，被誉为“茶中极品”。

南山白毛茶

外形：条索紧结弯曲，身披茸毫
色泽：银白透绿
汤色：清绿明亮
香气：清高，伴有荷花芳香
滋味：醇厚甘爽
叶底：嫩绿明亮，匀整

干茶

茶汤

叶底

南山白毛茶因茶叶背面披有茂密的白色茸毛而得名，产于广西壮族自治区横县南山，后来产地扩大到凌云、乐业等县。

南山白毛茶的极品茶只采一叶初展的芽头，其他则只采一芽一叶。加工过程用锅炒杀青，扇风摊晾，双手轻揉，炒揉结合，反复三次，最后在烧炭烘笼上以文火烘干。南山白毛茶1915年在美国举办的纪念巴拿马运河开航的万国博览会上展出并荣获二等奖。继而又在南京商品陈列会上获得二等奖。从此南山白毛茶声誉大著、扬名全球。

茶汤

叶底

昭平银杉是新创名茶，产于广西昭平县，昭平地处广西东部，位于大漓江旅游区核心区，是全国茶叶生产最适宜区之一。

银杉采用优质茶树的一芽一叶细嫩叶为原料。主要工艺是鲜叶摊青、高温杀青、过筛散热、初揉成条、初干失水、复揉紧条、滚炒造形、文火足干等工序。银杉茶挖掘明清炒茶秘诀与现代科技相结合的独特方法精制而成，饮之齿颊留芳，畅人心脾，解暑消炎，强身益寿，具有名茶风格。

干茶

昭平银杉

外形：微扁、披毫
色泽：翠绿油润
汤色：嫩绿明亮
香气：清香浓郁
滋味：鲜爽回甘
叶底：肥嫩露芽

峨眉竹叶青

外形：扁平光润，挺直秀丽
色泽：嫩绿油润
汤色：黄绿明亮
香气：清香馥郁
滋味：鲜嫩醇爽
叶底：嫩黄匀整

干茶

茶汤

叶底

峨眉竹叶青是在总结峨眉山万年寺僧人长期种茶制茶基础上发展而成的，于1964年由陈毅命名，此后开始批量生产。产于四川峨眉山，主产区为海拔800～1200米的清音阁、白龙涧、万年寺、黑水寺一带。

用于制作竹叶青的鲜叶十分细嫩，加工工艺精细。采摘标准为一芽一叶或一芽二叶初展，鲜叶嫩匀，大小一致。适当摊放后，经高温杀青、三炒三凉，采用抖、撒、抓、压、带条等手法，做形干燥，使茶叶具有扁直平滑、翠绿显毫、形似竹叶的特点，再进行烘焙，茶香益增。成茶外形美观，扁条，两头尖细，形似竹叶，内质十分优异。自1983年以来，连续数年被评为四川省优质名茶。1985年在葡萄牙举行的第24届世界食品评选会上，荣获国际金质奖。

峨蕊

外形：粒粒如蕊，纤秀如眉
色泽：嫩绿油润
汤色：清澈
香气：馥郁清香
滋味：鲜爽
叶底：匀嫩

干茶

峨蕊创制于1959年，具有条索紧细、白毫显露、形似花蕊的特点，故名峨蕊。产于四川省峨眉山山腰间的清音阁、白龙洞、万年寺、黑水寺一带。这里群山环抱，终年云雾缭绕，气候适宜，土壤肥沃，茶树生长繁茂，芽叶肥壮，质地柔嫩，内含物质丰富。

茶汤

每年清明节前采摘的一芽一叶初展的鲜嫩芽叶为原料，用手工精制，经高温杀青、初揉、二炒、二揉、三炒、三揉、四炒、烘干等工序，严控制火温，由高到低，配以变化多样的炒揉手法，最后经摊晾、包装、贮于防潮容器中。

峨蕊颗粒紧细，宋代诗人苏辙把这类茶叶形容成“春芽大麦粗”，说明其大小像麦粒一般粗细。这是最形象不过了。

叶底

峨眉雪芽

外形：扁、平、滑、直、尖
色泽：嫩绿油润
汤色：嫩绿明亮
香气：清香馥郁
滋味：清醇淡雅
叶底：嫩绿均匀

干茶

茶汤

叶底

峨眉雪芽是唐代贡茶，唐时名“峨眉白芽”“峨眉雪茗”，宋以来，又有“雪香”“清明香”等雅称。产于峨眉山海拔800～1200米处的赤城峰、白岩峰、玉女峰、天池峰、竞月峰下和万年寺一带。

一般清明时节采摘。采摘标准为一芽一叶或一芽二叶初展，鲜叶嫩匀，大小一致，制作工艺有堆放、杀青、摊凉、理条整形、提香等工序。峨眉雪芽，始出于山中道、佛两门，长期以来，被道、佛两门视为防治各种疾病、排毒养颜、久服轻身（瘦身）、延年益寿的养生饮品。峨眉雪芽曾在2006年、2007年中国国际茶业博览会组委会举办的中国名优绿茶评比中，获得绿茶最高奖项特别金奖和“中国茶叶市场消费者满意十佳品牌”。

外形：条索紧卷
色泽：嫩绿油润
汤色：黄绿明亮
香气：清香怡人
滋味：浓醇爽口
叶底：嫩绿明亮，整叶全芽

峨眉毛峰，原名凤鸣毛峰，1978年改成现在的名字，产于四川省雅安市凤鸣乡桂花村。

峨眉毛峰选用早春一芽一叶初展优质原料，采用炒、揉、烘交替进行的工艺，炒、揉、烘交替，扬烘青之长，避炒青之短，研究成独具一格的峨眉毛峰制作技术。整个炒制过程分为三炒、三揉、四烘、一整形共十一道工序。峨眉毛峰于1982年和1983年被商业部、农牧渔业部评为全国优质名茶；1985年9月在里斯本举办的第二十四届世界优质食品评选会上，峨眉毛峰受到高度评价并荣获金质奖。

茶汤

叶底

干茶

外形：紧卷多毫

色泽：嫩绿色润

汤色：碧清微黄，清澈明亮

香气：馥郁芬芳

滋味：味鲜爽，浓郁回甜

叶底：嫩芽秀丽、匀整

干茶

茶汤

叶底

蒙顶甘露属历史名茶，被尊为茶中故旧，名茶先驱。产于地跨四川省名山、雅安两县的蒙山。

蒙顶甘露采摘细嫩，采摘标准为单芽或一芽一叶初展。加工工艺分为高温杀青、三炒三揉、解块整形、精细烘焙等工序。蒙顶名茶种类繁多，有甘露、黄芽、石花、玉叶长春、万春银针等。其中“甘露”在蒙顶茶中品质最佳。1959年，蒙顶甘露被评为全国名茶。蒙顶名茶多次被评为国家、省优、部优产品，已成为国家级礼茶。蒙顶茶以其独特的品质、精湛的制艺、娟秀的外形、悠久的历史、灿烂的茶文化而蜚声中外。

蒙顶石花

外形：扁平秀丽，嫩芽银毫

色泽：翠玉油润

汤色：碧绿明亮

香气：毫香浓郁

滋味：味鲜而甘

叶底：嫩黄芽匀

干茶

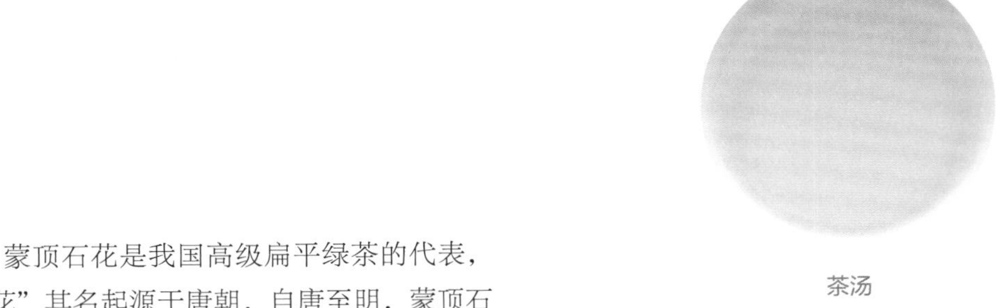

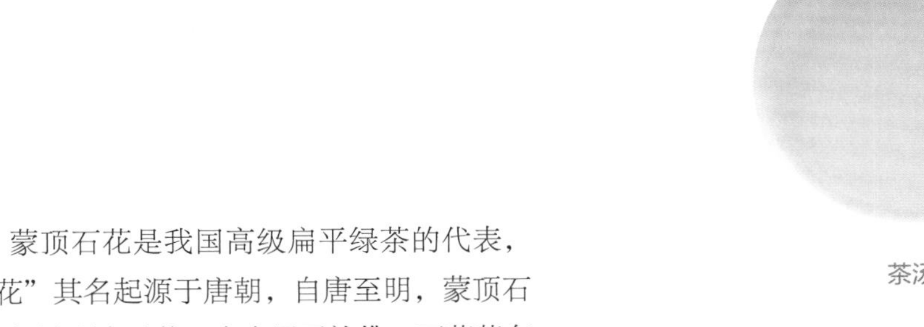

茶汤

蒙顶石花是我国高级扁平绿茶的代表，“石花”其名起源于唐朝，自唐至明，蒙顶石花年年被列为贡茶，岁岁用于礼佛。石花茶在历史上是属于高档黄茶，但由于工艺技术的演变，现在更接近绿茶了。其原料为全芽，每年春分时节，当园内有10%以上新芽鳞片展开，可开园采摘1～1.5厘米长的嫩芽，蒙顶石花属高级名茶，数量极少，制工精细，其工艺流程为鲜芽摊放、杀青、摊凉、炒二青、摊凉、炒三青、摊凉、做形提毫、摊凉、烘干等工序。

叶底

文君嫩绿

外形：条索紧细、弯曲
色泽：白毫显露
汤色：嫩绿明亮
香气：清香幽雅
滋味：醇和鲜爽
叶底：嫩匀

干茶

茶汤

叶底

文君嫩绿为新创制名茶，为纪念卓文君冲破封建礼教、忠贞爱情而取名。产于四川邛崃市，主要产地在南宝山、花楸堰、平落、油榨、白合等地。

文君嫩绿的采制方法十分精细。鲜叶标准以一芽一叶为主，一芽二叶初展为辅，茶叶长度为2～2.5厘米。加工工艺分为杀青、初揉、烘二青、复揉、炒三青、做形提毫、烘干七道工序。文君嫩绿一问世，就被评为四川省优质名茶，深受国内外好评。

茶汤

叶底

青城雪芽为20世纪50年代创制的新茶品种，产于四川省都江堰市灌县西南15千米的青城山区。

青城雪芽鲜叶以一芽一叶为标准。加工工艺分为杀青、摊凉、揉捻、二炒、摊凉、复揉、三炒、摊凉、烘焙、鉴评、拣选、复火等工序。青城雪芽是近几年发掘古代名茶生产技艺，按照青城茶的特点，吸取传统制茶技术的优点，提高、发展、创制而成的。内含有效化学物质十分丰富，可谓茶中之珍品，深受国内外消费者欢迎。

青城雪芽

外形：芽叶壮丽，形直微曲

色泽：白毫显露

汤色：汤绿清澈

香气：香高持久

滋味：鲜浓

叶底：鲜嫩匀整

干茶

巴山雀舌

外形：扁平匀直
色泽：绿润略显毫
汤色：黄绿明亮
香气：栗香高长
滋味：鲜爽回甘
叶底：嫩匀成朵

干茶

茶汤

叶底

巴山雀舌是四川十大名茶，中国文化名茶，茶树为四川中叶群体种。产于四川省万源县，茶区地理环境优越，山峦起伏，植被茂密，相对湿度大。土壤肥沃pH偏酸，适宜于茶树生长。

特级雀舌在清明时节采制，谷雨后采制一级茶和二级茶，标准分别为一芽一叶初展。理条手法：以单手双手交替进行，手指伸直抓茶，轻轻拉回，茶从拇指虎品中甩出，手指、掌稍带力，兼用压、捺、拓、抓、带、甩、抖等手势。巴山雀舌是富含“硒”元素的天然茶品，在防止白肌病、克山病、大骨关节病、抗癌等方面有一定功效。

永川秀芽

外形：条索紧直细秀
色泽：翠绿鲜润
汤色：汤清碧绿
香气：鲜嫩浓郁
滋味：鲜醇回甘
叶底：嫩绿明亮

干茶

茶汤

叶底

永川秀芽名茶创制于1964年，象征着秀丽幽雅的巴山蜀水，也反映出色翠形秀的名茶特色。产于重庆市永川区。

永川秀芽的鲜叶以“早白尖”“南江茶”等良种为优，采摘标准为一芽一叶，经杀青、揉捻、抖水、做条、烘干五道工序精细加工而成。“永川秀芽”名茶富含茶多酚、氨基酸等多种营养成分，各种儿茶素的比值也较恰当。2006年，永川秀芽在全世界3000多个名茶品种中脱颖而出，被世界茶联合会评为“国际名茶金奖”，也是该组织首次评出的国际金奖产品。

都匀毛尖

外形：卷曲似螺形

色泽：绿润

汤色：绿中透黄，清澈明亮

香气：清香

滋味：醇厚回甘

叶底：嫩绿明亮、芽头肥壮

干茶

茶汤

叶底

都匀毛尖是历史名茶，又名“白毛尖”“细毛尖”“鱼钩茶”“雀舌茶”，产于贵州都匀市，主要产地在团山、哨脚、大槽一带。

都匀毛尖在清明前后开采，采摘标准为一芽一叶初展，长度不超过2厘米。炒制工艺分杀青、揉捻、搓团提毫、干燥四道工序，都匀毛尖茶炒制，全凭一双技巧熟练的手在锅内炒制，一气呵成。都匀毛尖素以“干茶绿中带黄，汤色绿中透黄，叶底绿中显黄”的“三绿三黄”特色著称。在国内外市场享有盛誉。其品质优佳，形可与太湖碧螺春并提，质能同信阳毛尖媲美。都匀毛尖茶优秀的品质带来了一路的荣誉。1915年在巴拿马万国食品博览会上荣获优质奖，后人誉为“北有仁怀茅台酒，南有都匀毛尖茶”。

茶汤

遵义毛峰为绿茶类新创名茶，由贵州省茶叶研究所于1974年为纪念著名的遵义会议而创制。产于遵义市湄潭县，湄潭县山清水秀，群山环抱，秀丽的湄江穿城而过，素有“小江南”之称。

遵义毛峰选用从福建引进的福鼎大白茶的嫩梢为原料，具有芽壮叶肥、茸毛多的特点，鲜叶茶多酚、氨基酸、水浸出物含量丰富，为形成毛峰茶的色、香、味提供了物质基础。遵义毛峰茶采于清明前后，采摘标准分三个级别，特级茶采摘标准为一芽一叶初展或全展，芽叶长度2～2.5厘米；一级茶标准以一芽一叶为主，芽叶长度2.5～3厘米；二级茶标准为一芽二叶，芽叶长度3～3.5厘米。工艺的要点是“三保一高”，即一保色泽翠绿、二保茸毫显露且不离体、三保锋苗挺秀完整、一高是香高持久。具体的工艺分杀青、揉捻、干燥三道工序。遵义毛峰品质优秀，在1994年首届农博会上获得金奖。

叶底

遵义毛峰

外形：紧细圆直，锋苗完整挺秀

色泽：翠绿油润

汤色：碧绿清亮

香气：嫩香持久

滋味：清醇爽口

叶底：嫩绿鲜活

干茶

贵定云雾

外形：形如鱼钩，弯曲美观

色泽：嫩绿

汤色：绿而清澈

香气：浓郁，嫩香持久

滋味：醇厚回甘

叶底：嫩匀明亮

干茶

茶汤

叶底

贵定云雾历史悠久，又名贵定鱼钩茶，产于贵州省贵定县，属名茶之乡，贡茶产地，主产地为贵定县云雾区仰望乡的上坝、竹林、长寿、排山、关口等十几个山寨。

贵定云雾采自当地的“仰望种”，具有叶色绿、茸毛多、芽叶肥壮，持嫩性强，且内含成分丰富的特点。得天独厚的生态环境和优质的鲜叶原料，为云雾茶品质形成创造了条件。贵定云雾采摘细嫩，俗称“嫩采鸦雀嘴”，可见芽叶的幼嫩程度。炒制工艺精巧，有三炒三揉后烘干和四炒四揉再烘干两种炒法：三炒三揉后烘干的工艺是杀青、揉捻、二炒（搓条与搓紧条索）、三炒（揉团提毫）、烘干；四炒四揉是多一道搓团提毫过程。

雷公山银球茶

外形：圆球型
色泽：墨绿
汤色：黄绿明亮
香气：清高
滋味：鲜爽回甘
叶底：嫩绿成朵

干茶

茶汤

叶底

雷公山银球茶是贵州十大名茶之一，产于雷山县著名的自然保护区雷公山，采用海拔1400米以上的“清明茶”的一芽二叶初展优质茶青为原料，经高温炒制产生的果胶汁黏合作用，手工搓揉成球体后烘干而成，是炒青绿茶加工的独创。银球茶的加工属于特种绿茶的加工工艺，主要工序为杀青、两次揉捻、四次烘炒、选料、筛末、称量、成形。经过炒制加工后，精制为小球状，既美观漂亮，又清香耐泡。每颗“银球”直径18～20毫米，质量2.5克，冲茶时一般使用一颗。

雷公山清明茶

外形：卷曲、条索紧实
色泽：深绿发亮
汤色：黄绿明亮
香气：清香持久
滋味：鲜爽回甘
叶底：嫩匀鲜活

干茶

茶汤

叶底

雷公山清明茶产于贵州凯里市雷公山自然保护区，这里海拔1300～1400米，常有云雾缭绕，雨量充沛，空气新鲜，茶叶含硒量高达2.00～2.02微克/克，是一般茶叶平均含硒量的15倍。雷公山清明茶是上年秋季形成的越冬芽，在清明前后发育而成。越冬芽的物质积累丰富，茶叶品质优异，叶肉肥硕柔软，香味浓醇，爽口回甘，耐于冲泡。清明时节采制的茶叶嫩芽是新春的第一茬茶，且春茶一般无病虫危害，无须使用农药，茶叶无污染，富含多种维生素和氨基酸，香高味醇，奇特优雅，是一年之中的佳品。

茶汤

叶底

凤冈锌硒茶是新创名茶，产于贵州省凤冈县山区，主产地位于贵州省东北部，乌江北岸，大娄山南麓的富锌富硒地带，凤冈县是“中国富锌富硒有机茶之乡”。

凤冈锌硒绿茶采摘时间为3月25日至5月25日，其鲜叶原料要求嫩、匀、鲜、净、无病虫危害芽叶。分特级、一级和二级三个级别。冈锌硒绿茶为机制加工茶叶，其加工工艺为茶青摊凉、杀青、揉捻、烘干机初烘、烘焙机复烘做形、滚炒机磨锅提香、产品精选（筛分）、成品包装入库。凤冈锌硒绿茶富含锌硒微量元素，其中锌含量40～100mg/kg，硒含量0.05～2.5mg/kg。锌与硒都是联合国卫生组织1973公布的、人体必不可缺的微量矿物质元素。凤冈锌硒茶堪称是中国绿茶中的保健第一茶，集多个优点于一身，正引领着茶叶消费新潮流。

凤冈锌硒茶

外形：条索紧结匀整显锋苗
色泽：灰绿油润
汤色：黄绿明亮
香气：栗香高长
滋味：鲜爽甘醇
叶底：嫩绿匀整

干茶

天香御露

外形：紧结圆润、呈颗粒状

色泽：绿润光亮

汤色：黄绿明亮

香气：馥郁高长

滋味：鲜醇回甘、浓而不涩

叶底：鲜活成朵

干茶

茶汤

叶底

天香御露为新创名茶，形似朝露，绿润光亮隐毫，香高味醇，故取名天香御露，产于贵州省凤冈县。天香御露茶充分挖掘了天然富锌富硒绿茶的内在品质，并严格实行清洁化、标准化生产。采用茶青原料为一芽二三叶生产高档名优绿茶，天香御露茶内在品质独特，天然富锌富硒，代表了绿色自然、生态的高品质绿茶，符合现代人追求健康的时尚潮流。深得业内人士、专家和消费者一致好评。

梵净山佛茶

外形：紧结显毫
色泽：灰绿油润
汤色：黄绿明亮
香气：清香持久
滋味：鲜醇甘爽
叶底：芽叶完整、匀齐

干茶

茶汤

叶底

梵净山佛茶是历史名茶，创制于明代，产于贵州省梵净山，梵净山位于云贵高原贵州省东北部江口、印江和松桃三县的交界处，属于铜仁市，系云贵高原向湘西丘陵过渡地带拔地而起的高峰峻岭，是东北-西南向的武陵山脉最高山峰，层峦叠嶂、气势磅礴。梵净山佛茶中最为著名的应数团龙贡茶，产于梵净山西麓印江县团龙村，这里距四大皇庵护国寺和坝梅寺各4千米，峰峦起伏、溪流潺潺、烟云荡漾、雾露滋培，是天造地设的一处宜茶产地，所产贡茶已有四五百年历史，是梵山寺庙佛茶中的极品。正因有佛禅活动的参与，才使我国茶文化精彩纷呈、回味无穷。

宝洪茶

外形：扁直平滑，形似杉松叶
色泽：翠绿
汤色：黄绿清澈
香气：高锐
滋味：鲜爽
叶底：肥嫩成朵

干茶

茶汤

叶底

宝洪茶又名十里香茶，唐朝期间由福建开山和尚引进小叶种茶种植而成，属高香型茶树品种、香气高锐持久，鲜叶采下一二小时即散发出花香，以其高香而著称。产于云南省宜良县城西北5千米外的宝洪寺。

宝洪茶采摘精细，采摘标准为一芽一叶和一芽二叶初展。炒制方法酷似龙井茶，曾有宜良龙井茶之称，主要工艺分杀青、摊凉回潮、辉锅三道工序。炒制手法有抖、捞、抓、扣、揿、压、推、磨八种。炒制时根据鲜叶老嫩、含水量高低成形度灵活变换，因势呵成。宝洪茶性寒，贮藏1～2年后的陈宝洪茶有清火解热的药理功能，因而颇受消费者的喜爱。宝洪茶1980年被评为云南省级名茶。

茶汤

南糯白毫创制于1981年，属烘青型绿茶。产于云南西双版纳州勐海县的南糯山。

南糯白毫为云南大叶种，优良品种的芽叶肥嫩，叶质柔软，茸毫特多，富含茶多酚、咖啡碱等成分。一般只采春茶，3月上旬开采，采摘标准为一芽二叶，主要工艺分摊青、杀青、揉捻和烘干四道工序。南糯白毫经饮耐泡，饮后口颊留芳，生津回甘。南糯白毫于1981年被评为云南省名茶之一，1982年被评为全国名茶，被茶界专家认为是大叶种绿茶中的优秀名品，1988年获中国首届食品博览会金奖。

叶底

干茶

南糯白毫

外形：条索紧结，有锋苗

色泽：绿润，身披白毫

汤色：黄绿明亮

香气：馥郁清纯

滋味：浓厚醇爽

叶底：嫩匀成朵

云海白毫

外形：条索紧直圆浑，锋苗挺秀

色泽：满披白毫

汤色：黄绿明亮

香气：清鲜

滋味：浓爽，甘美如饴

叶底：嫩匀明亮

干茶

茶汤

叶底

云海白毫因产地终年云雾缭绕，酷似云海，茶身披白毫而得名，是云南省农业科学院茶叶研究所20世纪70年代初创制的名茶。产于云南省勐海县，地处祖国大陆的南端，这里古树参天，云雾缭绕，气候温和，四季如春，雨量充沛，土壤肥沃，腐殖质层深厚，是茶树生长的理想环境。得天独厚的生态环境和优良的大叶种茶树，是云海白毫品质形成的优越条件。

云海白毫采摘细嫩，采摘标准为一芽一叶半开展或初展，芽叶采回后做到及时摊放，及时加工，保持芽叶新鲜。云海白毫为手工炒制，主要工艺分蒸青、揉捻、炒二青、理条整形、复炒、干燥六道工序。云海白毫滋味浓爽、甘美如饴。常饮云海白毫，能消解油腻，增强血管弹性，对冠心病、高血压患者大有禅益。

苍山雪绿

外形：条索紧细匀齐
色泽：墨绿油润
汤色：黄绿明亮
香气：馥郁
滋味：醇爽回甘
叶底：黄绿、嫩匀

干茶

茶汤

叶底

苍山雪绿是云南大叶良种名茶之一，创制于1964年，产于云南大理苍山山麓，洱海之滨，由下关茶厂精制加工而成。

苍山雪绿选用云南双江勐库良种，雪绿茶采制技术考究。清明前后采摘，采摘标准为一芽一叶和一芽二叶初展，及时分批多次采摘，全年采摘12～20批次。炒制技术精巧，主要工艺有杀青、揉捻、做形、干燥、筛拣、复火六道工序。苍山雪绿投放市场后，受到国内外茶叶爱好者的青睐。1980—1983年连续三次被评为云南省级名茶。1989年在农牧渔业部的名茶评比会上，荣获“优质茶”称号。

墨江云针

外形：条索紧直如针
色泽：黑绿油润
汤色：黄绿明亮
香气：馥郁清香
滋味：味醇鲜爽
叶底：嫩匀明亮

干茶

茶汤

叶底

墨江云针是云南省名茶中别具一格的佳品，1945年从日本引进技术，仿日本玉露茶工艺炒制，故原名“玉露茶”，1958年改进工艺，由蒸青改为锅式杀青，提高了品质，改变了风格。1975年改名为云针茶，产于云南墨江哈尼族自治县。

墨江云针茶采摘标准以一芽一叶为主，一芽二三叶为辅，加工方法是手工杀青，机械初揉，手工做形，晾至足干。主要工艺有杀青、初揉、做形（包括理条搓揉、碾揉、滚揉三个过程）、晾干、筛剔、补火六道工序。墨江云针茶连续三年被评为普洱市优质产品，1984年被列为云南省六大名茶之一。

茶汤

叶底

滇绿即云南绿茶，国外称之为“云绿”。产于云南，主要茶区位于北纬25度以南的滇南、滇西南地区，即保山、临沧、思茅及西双版纳地区。

滇绿选用大叶茶为原料，精选细嫩的一芽二叶，经过高温杀青、及时揉捻、快速烘干等工艺处理，控制酶的活力和多酶类的氧化，防止了芽叶发酵，保持了茶叶原色，再经揉捻成形、晒干、烘干或炒干而制成绿茶，具有色泽绿润、条索肥实、回味甘甜、饮后回味悠长的特点，有生津解热、润喉止渴的作用，盛夏饮用倍感凉爽。

干茶

滇绿

外形：条索粗壮肥硕，白毫显露

色泽：深绿油润

汤色：黄绿明亮

香气：幽香持久

滋味：浓醇回甘

叶底：肥厚

午子仙毫

外形：条型微扁，形似兰花

色泽：翠绿，白毫满披

汤色：嫩绿明亮

香气：清香持久

滋味：醇厚，爽口回甘

叶底：芽叶成朵

干茶

茶汤

叶底

午子仙毫是新创名茶，创制于1985年初，产于陕西省西乡县南名山午子山。

午子仙毫选用细嫩鲜叶精制而成，鲜叶于清明前至谷雨后10天采摘，以一芽一二叶初展为标准，鲜叶经摊放（35个小时）、杀青、清风揉捻、初干做形、烘焙、拣剔七道工序加工而成。午子仙毫由于产自优越的自然条件，加之采制精细，形成了独特的品质。午子仙毫富含天然锌、硒等微量元素，其中锌含量为53.5～67.5微克/克，硒含量0.858微克/克，氨基酸3.5%～5.23%。1986年获全国名茶称号，1995年通过绿色食品认证，1997年被评为陕西省名牌产品。是陕西省政府外事礼品专用茶，人称“茶中皇后”。

紫阳毛尖

外形：条索圆直紧细、肥壮、匀整
色泽：翠绿，白毫显露
汤色：嫩绿、清亮
香气：嫩香持久
滋味：鲜爽回甘
叶底：肥嫩完整，嫩绿明亮

干茶

茶汤

叶底

紫阳毛尖是历史名茶，早在清代就已被列入全国名茶，产于陕西汉江上游、大巴山麓的紫阳县近山峡谷地区。

紫阳毛尖所用鲜叶茶芽肥壮，茸毛特多。加工工艺分为杀青、初揉、炒坯、复揉、初烘、理条、复烘、提毫、足干、焙香十道工序。紫阳毛尖不仅品质优异，而且近年又发现此茶富含人体必需的微量元素——硒，具有较高的保健和药用价值。为中外茶界人士所瞩目。1985年与1987年分别获陕西省“优质名茶”称号和证书。

紫阳翠峰

外形：紧秀显毫，肥嫩壮实
色泽：翠绿
汤色：嫩绿明亮
香气：浓郁持久
滋味：鲜爽，回味甘甜
叶底：嫩匀，明亮成朵

干茶

茶汤

叶底

紫阳翠峰产于陕西省紫阳县，紫阳地处陕南的安康市，汉江中游，巴山北麓，冬无严寒，夏无酷暑。若追本溯源，早在唐代紫阳茶已经成为朝廷贡品。春分刚过，尤其是清明前后，紫阳的茶农就开始采摘茶叶，而茶的采摘、制作、饮用水平也日渐提高，形成了一种独特的陕南茶文化。紫阳翠峰一般，外形秀美，醇香宜人，富含硒元素，好客的紫阳人用它招待客人，以表其丰厚的敬重之意。紫阳翠峰于1991年获“中国杭州国际茶文化节”文化名茶奖；1992年获中国农业博览会银奖。

茶汤

叶底

崂山绿茶是南方茶树“南茶北引”近10年的成果。产于山东青岛市崂山，崂山是“海上第一名山”，有“神仙宅窟”“道教全真天下第二丛林”之美誉。独特的地理环境，肥沃的土地，优质的水源培育出的崂山茶，色、香、味、形俱佳，名扬海内外。茶叶的采摘选取一芽一叶、一芽两叶。崂山绿茶制作工艺有杀青、揉捻、烘干等工序，崂山绿茶有手工扁茶（特级、一级、二极、三级）、卷茶（特级、一级、二极、三级）等，尤其以卷茶居多。

干茶

崂山绿茶

外形：条索纤细、紧密卷曲

色泽：嫩绿隐翠

汤色：黄绿明亮

香气：清雅

滋味：醇厚鲜

叶底：嫩绿、纤细瘦长

雪青茶

外形：纤细，茸毫显露
色泽：鲜绿
汤色：黄绿明亮
香气：栗香浓郁
滋味：鲜醇
叶底：柔软明亮

干茶

茶汤

叶底

雪青茶产于山东日照市，日照茶树越冬期比南方长1～2个月，昼夜温差大，利于内含物的积累，茶叶含有丰富的维生素、矿物质和对人体有用的微量元素，经专家鉴定儿茶素、氨基酸的含量分别高于南方茶同类产品13.7%、5.3%。是山东省的“全省茶叶放心生产示范区”。雪青茶鲜叶采摘于4月下旬至5月上旬，按外形分为扁形绿茶和卷曲绿茶，按鲜叶采摘季节分为春茶、夏茶、秋茶，按感官品质分为特级、一级、二级、三级四个等级（夏茶不设特级）。雪青茶是日照绿茶的一个品种，其味苦中微清甜，其色绿而清淡。在当地深受喜爱，是别的茶叶品种很难替代的优秀茶品。

第二章

青茶

（乌龙茶）

青茶又名乌龙茶，属半发酵茶类，创制于明末清初。基本工艺过程是晒青、晾青、摇青、杀青、揉捻、干燥。乌龙茶的品质特点是，既具有绿茶的清香和花香，又具有红茶醇厚的滋味，并有『绿叶红镶边』的叶底。乌龙茶种类因茶树品种的特异性而形成各自独特的风味，产地不同，品质差异也十分显著，乌龙茶以其独特的品质赢得了广大消费者的喜爱。

安溪铁观音

外形：紧结重实、呈青蒂绿腹蜻蜓头状

色泽：乌黑油润，砂绿明显

汤色：金黄清澈

香气：浓郁持久

滋味：醇厚鲜爽回甘、音韵明显

叶底：肥厚软亮、红边明

干茶

茶汤

叶底

安溪铁观音属半发酵的青茶，传统的铁观音具有暖胃、降血压、血脂、减肥的功效。主产区在福建省安溪县的西坪、祥华、感德、长坑、桃舟、福田、剑斗、虎邱、大坪等十几个主要产茶乡镇。

安溪铁观音制作严谨，技艺精巧。鲜叶采摘标准必须在嫩梢形成驻芽后，顶叶刚开展呈小开面或中开面时，采下二三叶。采来的鲜叶力求新鲜完整，然后进行凉青、晒青和摇青（做青），直到自然花香释放，香气浓郁时进行炒青、揉捻和包揉（用布包茶滚揉），使茶叶蜷缩成颗粒后进行文火焙干。制成毛茶后，再经筛分、风选、拣剔、匀堆、包装制成商品茶。安溪铁观音为中国十大名茶之一，深受消费者的欢迎。

茶汤

黄金桂是以黄棪（也称黄旦）品种茶嫩梢制成的乌龙茶，因其汤色金黄有奇香似桂花，故名黄金桂。毛茶多称黄棪或黄旦，黄金桂是成茶商品名称。产于安溪虎邱美庄村，是乌龙茶中风格有别于铁观音的又一极品。

黄金桂在现有乌龙茶品种中是发芽最早的一种，制成的乌龙茶，香气特别高，所以在产区被称为“清明茶”“透天香”，有“一早二奇”之誉。1982年被商业部评为部优产品；1985年又被农牧渔业部和中国茶叶学会评为中国名茶。安溪黄金桂以其香气优雅、滋味甘鲜，特别受到国内外原来消费绿茶、花茶地区群众的喜爱。

叶底

干茶

黄金桂

外形：条索紧细卷曲

色泽：金黄润亮

汤色：金黄明亮

香气：幽雅鲜爽，带桂花香型

滋味：醇细甘鲜

叶底：中央黄绿，边沿朱红，柔软明亮

本山茶

外形：茶条壮实沉重，尾部稍尖

色泽：砂绿，油光闪亮

汤色：橙黄明亮

香气：清纯持久

滋味：润滑稍苦后返甘甜

叶底：黄绿，叶张尖薄，长圆形

干茶

茶汤

叶底

本山茶香高味醇，品质好的与铁观音相似，有“观音弟弟”之称，为新创名茶，安溪四大当家茶之一。原产于安溪县尧阳村，无性系品种，中叶类，中芽种。树姿开张，枝条斜生，分枝细密；叶形椭圆，叶薄质脆，叶面稍内卷，叶缘波浪明显，叶齿大小不匀，芽密且梗细长，花果颇多。与铁观音“近亲”，但长势和适应性均比铁观音强。本山茶于1984年在全国茶树良种审定会上被认定为全国良种。

毛蟹

外形：条索紧结
色泽：泽褐黄绿，尚鲜润
汤色：青黄或金黄色
香气：清锐细长，略带茉莉花香
滋味：醇厚
叶底：软亮匀整，头大尾尖

干茶

茶汤

毛蟹原产于安溪县福美村大丘化山，安溪四大当家茶之一。毛蟹植株为灌木型，中叶类，中芽种。树姿半开展，分枝稠密；叶形椭圆，尖端突尖，叶片平展；叶色深绿，叶厚质脆，锯齿锐利；芽梢肥壮，茎粗节短，叶背白色茸毛多，开花多，基本不结实。育芽能力强，但持嫩性较差，发芽密而齐，成园较快。适应性广，抗逆性强，易于栽培，产量较高，适制乌龙茶，无性系品种。毛蟹茶茶汤清沌，耐泡，饮后爽口，提神。为色种高级茶。

叶底

梅占

外形：茶条壮实、长大、梗肥、节间长

色泽：褐绿稍带暗红色，红点明

汤色：深黄或橙黄

香气：浓郁

滋味：醇厚回甘

叶底：叶张粗大，长而渐尖，主脉显，锯齿粗锐

干茶

茶汤

叶底

梅占原产于安溪县芦田镇。梅占植株为小乔木型，大叶类，中芽种。树姿直立，主干明显，分枝较稀，节间甚长；叶长椭圆形，叶色深绿，叶面平滑内折，叶肉厚而质脆，叶缘平锯齿疏浅。开花多，结实少。育芽能力强，芽梢生长迅速，但易于硬化。一年生长期7个月左右。适应性强，产量较高，制乌龙茶香味独特，品质较佳。梅占持嫩性较差，所以制作乌龙茶时应嫩采、重晒、轻摇，以使发酵充分，青辛味散发转为清香。梅占茶品香气浓郁，滋味醇厚，甘香可口。

茶汤

叶底

白芽奇兰

外形：紧结匀整
色泽：翠绿油润
汤色：杏黄清澈明亮
香气：清高持久，兰花香味浓郁
滋味：醇厚，鲜爽回甘
叶底：肥软

白芽奇兰属于乌龙茶类，产于福建省平和县。平和县地处闽南金三角漳州市西南部，气候温暖，雨量充沛，四季长青，境内山峦起伏，山高雾多，土壤肥沃。当地农民以茶叶收入为主要经济来源，得天独厚的环境和当地传统精湛的制茶工艺灵巧地结合，创造出色、香、味、形超群的白芽奇兰茶名牌。

白芽奇兰茶的采制考究，工艺精细。从白芽奇兰茶品种树上采下的鲜叶要经过摊青（也称凉青）、晒青、摇青、杀青、揉捻、初烘、初包揉、复烘、复包揉、足干十道工序制成毛茶，再经过精制为白芽奇兰成品茶。白芽奇兰干嗅能闻到幽香，冲泡后兰花香更为突出，是白芽奇兰的特点。

干茶

永春佛手

外形：茶条紧结、肥壮、卷曲呈蠔干状
色泽：砂绿乌润
汤色：橙黄清澈
香气：浓锐
滋味：甘厚
叶底：黄绿明亮

干茶

茶汤

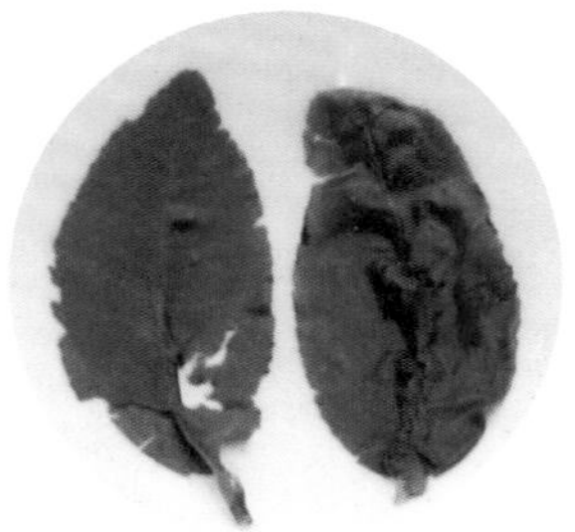

叶底

永春佛手又名香橼种、雪梨，主要产于福建永春县苏坑、玉斗和桂洋等镇海拔600米至900米高山处，是用佛手品种茶树鲜叶制成的福建乌龙茶中风味独特的名品。

永春佛手采摘标准是在新梢展开四五叶，顶芽形成驻芽时采下二三叶。佛手茶的生产与一般乌龙茶相同，不过针对佛手叶面角质层薄，气孔大而分布稀，茶多酚含量高，多酚氧化酶活力较强的特点，在正常温湿条件下晒青宜轻不宜重，摇青时间和摊置厚度不宜过长过厚。发酵适度、香气达到高峰时，即行高温杀青。杀青叶经过揉捻、初烘、初包揉后，针对佛手叶张大的特点，复烘复包揉三次或三次以上，较一般乌龙茶次数为多，使茶条卷结成蠔干（虾干）状。

漳平水仙茶饼

外形：见方扁平
色泽：乌褐油润
汤色：橙黄明亮
香气：馥郁持久
滋味：醇厚回甘
叶底：黄嫩匀亮、红边鲜明

干茶

茶汤

叶底

漳平水仙茶饼属乌龙茶类的紧压茶，原产于福建省漳平市双洋镇中村，后发展到漳平市各地。水仙茶饼又名“纸包茶”，是用水仙品种茶树鲜叶，统合了闽北与闽南乌龙茶的初制技术并经木模压造而成的一种方饼形的乌龙茶。

漳平水仙茶饼制作工艺独特，在国内属首创。它采自水仙品种，加工工艺流程为晒青、凉青、摇青（凉青与摇青重复三四遍）、杀青、揉捻、定型、烘焙、成茶等工序。漳平水仙茶饼独特风格的形成，与其加工过程的定型与烘焙技术有密切关系。漳平水仙茶饼1995年荣获第二届中国农业博览会金奖，多次获得福建省名茶奖，并被列入《中国名茶录》，定型和烘焙技术是体现漳平水仙茶饼形态和特有品质特征的关键措施。

大红袍

外形：条索紧结
色泽：绿褐油润
汤色：橙黄色
香气：馥郁有兰花香，香高而持久
滋味：醇和
叶底：肥软匀整

干茶

茶汤

叶底

大红袍是历史名茶，它在武夷山栽培已有350多年的历史。产于闽北“美景甲东南”的名山武夷山，茶树生长在武夷山九龙窠高岩峭壁上，岩壁上至今仍保留着1927年天心寺和尚所作的“大红袍”石刻，

“大红袍”茶树现经武夷山茶叶科学研究所的试验，采取无性繁殖的技术已获成功，经繁育种植，大红袍已能批量生产。“大红袍”茶的采制技术与其他岩茶相类似，只不过更加精细而已。每年春天，采摘三四叶开面新梢，经晒青、凉青、做青、炒青、初揉、复炒、复揉、走水焙、簸拣、摊凉、拣剔、复焙、再簸拣、补火而制成。大红袍乃武夷岩茶之王，是乌龙茶中的极品。

茶汤

铁罗汉是乌龙茶中的明珠，武夷最早的名丛，历史悠久，据史料记载，唐代民间就已将其作为馈赠佳品，宋、元时期已被列为“贡品”。产于闽北武夷山，生长在岩缝之中，武夷岩茶铁罗汉主要分为两个产区：名岩产区和丹岩产区。为无性系，灌木型，中叶类、中生种茶树。

铁罗汉具有绿铁罗汉之清香，红铁罗汉之甘醇，是中国乌龙铁罗汉中的极品。铁罗汉品质独特，未经窨花，茶汤却有浓郁的鲜花香，饮时甘馨可口，回味无穷。18世纪传入欧洲后，备受当地群众的喜爱，曾有“百病之药”美誉。

叶底

铁罗汉

外形：条形壮结、匀整
色泽：绿褐鲜润
汤色：深橙黄色，清澈艳丽
香气：浓郁
滋味：甘醇清香
叶底：软亮，叶缘朱红，叶心淡绿带黄

干茶

白鸡冠

外形：条索紧结

色泽：米黄呈乳白

汤色：橙黄明亮

香气：浓郁芬芳，颇似兰花

滋味：醇厚，入口浓厚之余有甘爽回味

叶底：柔软，红边明显

干茶

茶汤

叶底

白鸡冠是武夷岩茶四大名丛之一，明末清初时就极负盛名，清代大才子袁枚就曾提及，武夷山顶上之茶“以冲开色白者为上”。白鸡冠是生长在慧苑岩火焰峰下外鬼洞和武夷山公祠后山的茶树，芽叶奇特，叶色淡绿，绿中带白，芽儿弯弯又毛茸茸的，那形态就像白锦鸡头上的鸡冠，故名白鸡冠。明朝的一则“鸡冠”治恶疾的故事，使得白鸡冠茶声名大震。每月5月下旬开始采摘，以二叶或三叶为主，制成的茶叶色泽米黄呈乳白，汤色橙黄明亮，入口齿颊留香，神清目朗，其功若神，白鸡冠单位产量不高而且种植面积少，使得白鸡冠更显珍贵。

水金龟

外形：条索紧结

色泽：青褐润亮呈『宝光』

汤色：橙黄明亮

香气：高扬

滋味：甘甜

叶底：柔软，红边明显

干茶

茶汤

叶底

水金龟是武夷岩茶“四大名丛”之一，因茶叶浓密且闪光模样宛如金色之龟而得此名。产于武夷山区牛栏坑杜葛寨峰下的半崖上，为兰谷岩所有。

相传此茶原属天心寺庙产，植于杜葛寨下，一日大雨倾盆，峰顶茶园边岸崩塌，此茶被冲至牛栏坑头之半岩石凹处止住，后水流成沟，由树侧流下，兰谷山业主遂于该处凿石设阶，砌筑石围，壅土以蓄之。1919—1920年，磊石寺与天心寺业主为此树归属引起诉讼，费金数千，因天然造成，判归兰谷所有，足见此树之名贵。水金龟每年5月中旬采摘，以二三叶为主，精制而成。

武夷肉桂

外形：条索匀整卷曲

色泽：褐绿，油润有光

汤色：橙黄清澈

香气：奶油、花果、桂皮般的香气

滋味：醇厚回甘，咽后齿颊留香

叶底：匀亮，呈淡绿底红镶边

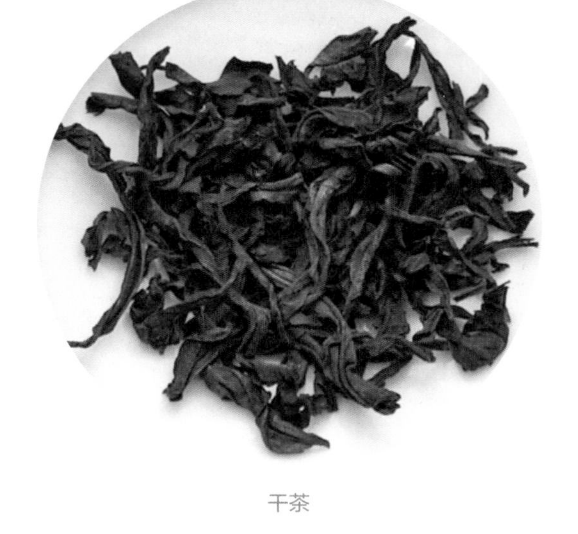

干茶

茶汤

叶底

武夷肉桂也称玉桂，在清代就有其名。由于它的香气滋味似桂皮香，所以在习惯上称“肉桂”。产于福建省武夷山市境内著名的武夷山风景区，最早是武夷慧苑的一个名丛，另一说原产是在马枕峰。二十世纪六十年代以来，由于其品质特殊，逐渐为人们认可，种植面积逐年扩大，现已发展到武夷山的水帘洞、三仰峰、马头岩、桂林岩、天游岩、仙掌岩、响声岩、百花岩、竹窠、碧石、九龙窠等地，并且正在大力繁育推广，现在已成为武夷岩茶中的主要品种。武夷肉桂是以肉桂良种茶树鲜叶，用武夷岩茶的制作方法而制成的乌龙茶，为武夷岩茶中的高香品种。

茶汤

叶底

闽北水仙

外形：条索紧结沉重，叶端扭曲
色泽：砂绿油润，并呈现白色斑点
汤色：清澈橙黄
香气：浓郁芬芳，颇似兰花
滋味：醇厚回甘
叶底：柔软，红边明显

闽北水仙是乌龙茶类之上品，光绪年间产量曾达500吨，畅销海外。发源于福建南平市建阳区小湖乡大湖村的严义山祝仙洞，现主要产区为建瓯、建阳两地。

闽北水仙茶树枝条粗壮，鲜叶呈椭圆形，叶肉厚，表面革质，有油光，芽叶透黄绿色。一般春茶于每年谷雨前后采摘驻芽第三四叶，经萎凋、做青、杀青、揉捻、初焙、包揉、足火等到工序制成毛茶。由于水仙叶肉肥厚，做青须根据叶厚水多的特点以“轻摇薄摊，摇做结合”的方法灵活操作。包揉工序为做好水仙茶外形的重要工序，揉至适度，最后以文火烘焙至足干。现闽北水仙占闽北乌龙茶产量的百分之六七十，地位举足轻重。

干茶

武夷奇兰

外形：条索粗壮

色泽：褐绿稍带暗红

汤色：深黄或橙黄

香气：馥郁，兰花香

滋味：甘甜爽口，生津润滑

叶底：黄绿绵软，片张粗大

干茶

茶汤

叶底

武夷奇兰是20世纪90年代从闽南平和引进的品种，经过十余年的进化已融入武夷山茶种类，再按武夷山岩茶的制作工艺进行制作，形成了与其他地方不同的风味。武夷奇兰具有得天独厚的自然条件，生长在岩壁沟壑烂石砾壤中，而经风化的砾壤具有丰富的矿物质供茶树吸收，不仅滋养了茶树，而且武夷奇兰所含的微量元素也更丰富，钾、锌、硒的含量较多。

矮脚乌龙

外形：紧结壮实
色泽：黄褐似鳝皮
汤色：橙黄明亮
香气：浓郁，隐隐有类似于栀子花的香气
滋味：醇厚回甘
叶底：软亮匀整

干茶

茶汤

叶底

矮脚乌龙，乌龙茶品种之一，原产福建建瓯市东峰镇。建瓯矮脚乌龙有着百年悠久的历史，曾被冠以“建溪官茶天下绝”“北苑贡茶”的美誉。矮脚乌龙茶产于建瓯北苑凤凰山，有着“百年乌龙”的称誉，宋徽宗一句“北苑贡茶，名冠天下”的评语使得“北苑贡茶”成了传承千年的话题，建瓯被誉为千年古茶都。据专家考证，福建省建瓯市东峰镇有14亩120多年历史的老茶园，建瓯的乌龙老树是台湾乌龙珍品“冻顶乌龙”的母树，是台湾名茶“青心乌龙茶”的始祖。

矮脚乌龙茶别名小叶乌龙，植株矮小，树姿开张，绿叶红镶边，香气似桂花香。它有着惊人的功效：富含维生素C，可防止动脉硬化、预防蛀牙，有醒酒醒脑和敌烟的作用；还有暖胃、去风寒、减肥、美容等特殊功效。

凤凰单丛

外形：条索壮直、紧结匀嫩
色泽：黄褐，油润有光
汤色：橙黄清澈
香气：具天然花香，香味持久
滋味：浓醇鲜爽回甘
叶底：肥厚软亮，绿叶红镶边

干茶

茶汤

叶底

凤凰单丛是历史名茶，产于广东省潮州市潮安区凤凰镇。凤凰镇种茶历史悠久，品质优良，驰名古今中外，曾被命名为“中国乌龙茶（名茶）之乡”。凤凰单丛是从凤凰水仙群体中经过选育繁殖的优异单株，因采制是单株采收，单株制作，且品质优异，风味不同，故称为凤凰单丛。

现今凤凰单丛有八十多个品系（株系），有以叶片形态命名的，如山茄叶、橘子叶、竹叶、柿叶、柚叶等25种；有以花香命名的，如黄枝香、桂花香、米兰香、芝兰香、茉莉香、玉兰香、杏仁香、肉桂香、夜来香、蜜兰香十大香型；有以树型命名的，如石堀种、娘伞种、金猴子、哈古捞种等15种；有以成茶外形命名的，如丝线茶、大骨贡、幼骨子、大叶乌、大白叶等26种；还有一些特殊命名，如宋种、接种、八仙过海、海底捞针、兄弟茶等。近年还培育出一些质量达到单丛水平而未定名的，都统称为单丛。凤凰单丛有“形美，色翠，香郁，味甘”之誉。近数十年来，在市级、省级、国家级及国外的茶叶评比会上，屡获殊荣。

外形：条索弯曲
色泽：黄褐似黄鳝皮
汤色：橙红，清澈明亮
香气：香高浓郁，花香带蜜香
滋味：浓醇回甘
叶底：笋黄色红边明亮（叶称朱边绿腹）

岭头单丛属乌龙茶类极品名茶，产于广东省饶平县坪溪镇岭头村。

岭头单丛的采摘时间：春茶在每年清明前后；夏茶在5月下旬至7月初；秋茶在9月下旬；冬茶在11月中旬。采摘标准为一芽二三叶。其加工工艺包括晒青、凉青、摇青、杀青、揉捻、烘干等工序。岭头单丛乌龙茶新品的问世，受到社会，特别是受到茶学界的重视。1986年获得全国名茶称号。

茶汤

叶底

干茶

宋种蜜兰香单丛

外形：条索粗大
色泽：油润，黑褐色
汤色：金黄清澈
香气：蜜香高锐持久，有花香
滋味：浓厚爽口，『蜜韵』突出
叶底：肥厚软亮，绿叶红镶边

干茶

茶汤

叶底

宋种蜜兰香单丛是主要花蜜香型珍贵名丛之一，也是幸存的4株宋代老名丛之一。因其品质特点有明显的甘薯“蜜味”，故又名“宋种红薯香单丛”。由凤凰水仙群体品种自然杂交而成。单株产量2千克以上。茶叶香型特点是有浓郁的“蜜香”。原产于广东省潮州市潮安区凤凰镇凤西村委会乌岽村，相传植于南宋末期，距今有700多年历史。其后代主要分布于凤凰镇海拔1000米左右的高山茶区。

石古坪乌龙

外形：茶条索细紧

色泽：砂绿油光

汤色：黄绿清澈

香气：香气清芬，清高持久

滋味：鲜醇爽口

叶底：嫩绿，叶边呈一线红

干茶

茶汤

叶底

石古坪乌龙主要产于广东省潮州市潮安区凤凰镇石古坪。

石古坪乌龙茶采制时采用“骑马式”采茶法，轻采轻放勤送。其加工均在夜间进行。分晒青、凉青、摇青、静置、杀青、揉捻、焙干七道工序，全过程需18个小时。古石坪乌龙以精制茶壶冲泡，冲饮多次，茶香外溢，茶味不减。茶贮存一年后，色、香、味仍能保持如初。具有辅助防治高血压、慢性哮喘、痢疾、蛀牙等功效。

冻顶乌龙

外形：紧结匀整、卷曲成球状
色泽：墨绿油润
汤色：黄绿明亮
香气：清香持久
滋味：甘醇浓厚
叶底：青蒂、绿腹、红镶边

干茶

茶汤

叶底

冻顶乌龙俗称冻顶茶，是台湾知名度极高的茶，产于我国台湾南投县鹿谷乡冻顶山。冻顶是山名，为凤凰山的支脉，海拔700米，因为山高路滑，茶农上山必须绷紧脚尖（冻脚尖），方能上到山顶，故名“冻顶”。

冻顶乌龙一般以青心乌龙等良种为原料，采小开面后一心二三叶或二叶对夹，经晒青、晾青、摇青、炒青、揉捻、初烘、多次团揉、复烘、再焙等多道工序而制成。冻顶茶在台湾乌龙中，属于发酵程度较轻的，为20%~25%。干茶外形呈半球形，花香突出，冻顶乌龙茶品质优异，历来深受消费者的青睐，畅销台湾、港澳、东南亚等地，近年来中国内地一些茶艺馆也时髦饮用冻顶乌龙茶。

茶汤

叶底

金萱乌龙是一种新创名茶，始于20世纪80年代末期，产于台湾南投县及嘉义县。金萱于1981年由台湾茶叶改良场培育出来，产量高，适制乌龙茶，在台湾中部种植较多。金萱茶最大的品质特征是有一股浓浓的天然“奶香”，这种天然的奶香只有金萱茶有此特征。金萱乌龙一般选用金萱品种，于新梢长至小开面后，采下一心二三叶或对夹叶，按照轻发酵乌龙茶的制作工艺，经过晒青、晾青、摇青、杀青、揉捻、初烘、包揉、复烘而成。金萱乌龙茶外观条索紧结而整齐、轻微的焙火韵味与微蜜乳香，入口生津而富活性，浓郁滋味令人难忘。

干茶

金萱乌龙

外形：紧结呈半球形
色泽：砂绿色
汤色：金黄明亮
香气：淡淡的奶香
滋味：鲜爽醇和
叶底：绿色为主，有轻微的红边

文山包种

外形：条索紧结，叶尖呈自然弯曲

色泽：翠绿，类似于蛙皮

汤色：清澈蜜绿色

香气：香气清扬

滋味：醇厚鲜爽，带花果味道

叶底：绿叶红镶边，红边微红

干茶

茶汤

叶底

文山包种也是台湾茶中的历史名茶，因产于文山而得名，是一种条索状的乌龙茶。产于台湾北部的新北市坪林区、石碇区等地。由于冻顶乌龙和文山包种是台茶中的最著名品种，一个在南，一个在北，故台湾茶有“北文山、南冻顶”一说。

文山包种一般以青心乌龙或大叶乌龙等良种为原料，在顶芽形成小开面后的两三日内，采茶芽下面二三叶尚未硬化的叶片制成。经过晒青、晾青、摇青、杀青、轻揉、烘干等工序，制成毛茶，最后进行拣剔精制。文山包种的发酵程度在15%～20%，是台湾茶中发酵程度最轻的乌龙茶。

东方美人茶

外形：条状为主，茶芽肥大，白毫显露
色泽：红黄白绿褐，五色相间
汤色：橙红明亮
香气：熟果香兼有蜜糖香
滋味：甘甜醇厚
叶底：红亮透明

干茶

茶汤

叶底

东方美人茶是台湾独有的名茶，又名膨风茶，又因其茶芽白毫显著，又名为白毫乌龙茶，是半发酵青茶中发酵程度最重的茶品，东方美人茶的产地是台湾新竹县北埔乡、峨嵋乡和苗栗头尾乡、头份市、三湾乡一带。

东方美人茶最特别的地方在于，茶菁必须让小绿叶蝉（又称浮尘子）叮咬吸食，昆虫的唾液与茶叶中的酶混合出特别的香气，茶的好坏决定于小绿叶蝉的叮咬程度，同时这也是东方美人茶的醇厚果香蜜味的来源，也因为要让小绿叶蝉生长良好，东方美人茶在生产过程中绝不能使用农药，因此生产较为不易，也更显其珍贵。东方美人茶一般采摘一芽一二叶，经晒青、晾青、摇青、炒青、揉捻、干燥等工序精制而成。东方美人茶生产历史较长。曾于1900—1940年大量销往欧美，成为英王室贡品，被英国女王命名为“东方美人”茶。

大禹岭乌龙茶

外形：紧结重实，呈半球形
色泽：砂绿色
汤色：金黄明亮
香气：清香，带梨花香气
滋味：醇厚甘爽
叶底：绿叶带有轻微红镶边

干茶

茶汤

叶底

大禹岭乌龙茶是新创名茶，开发于20世纪80年代以后。大禹岭乌龙茶产区位于台湾合欢山，刚好是在南投、台中、花莲三县交会点，海拔高度在2100米以上，是目前全台湾生长海拔高度最高的乌龙茶产地，所生产的高山乌龙茶口感醇厚，香气芬芳，一般认为是台湾高山茶中最好的产地。大禹岭茶园地势很高，气温较低，采摘期很晚，要到5月才开始采制。采用青心乌龙的鲜叶为原材料，按照轻发酵乌龙茶的制作工艺，经过晒青、晾青、摇青、杀青、揉捻、初烘、包揉、复烘而成。

茶汤

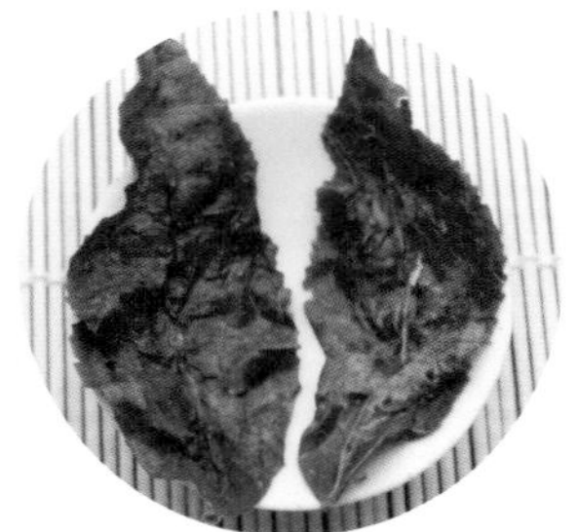

叶底

阿里山乌龙茶产于台湾中部和南部的山区，以嘉义县为中心，产区海拔1200~1400米。茶山终年云雾环绕，生长环境气温较低，日照晚水分足；茶叶厚薄均匀，较低海拔茶叶为厚，别有一股浑厚高山的韵味，味道芬芳清香，浓厚宜人，饮后回味甘甜，为真正高山茶上品。阿里山乌龙茶以青心乌龙鲜叶为原料，经过晒青、晾青、摇青、杀青、揉捻、初烘、包揉、复烘而成。

干茶

阿里山乌龙茶

外形：身骨重实，呈半球形

色泽：砂绿色

汤色：蜜黄明亮

香气：带有浓郁的花香

滋味：醇厚甘爽

叶底：绿叶带有轻微红镶边

翠玉茶

外形：紧结半球状

色泽：砂绿色

汤色：橙黄

香气：清香幽雅，有槟榔花香

滋味：醇和，喉韵特佳

叶底：嫩叶连枝

干茶

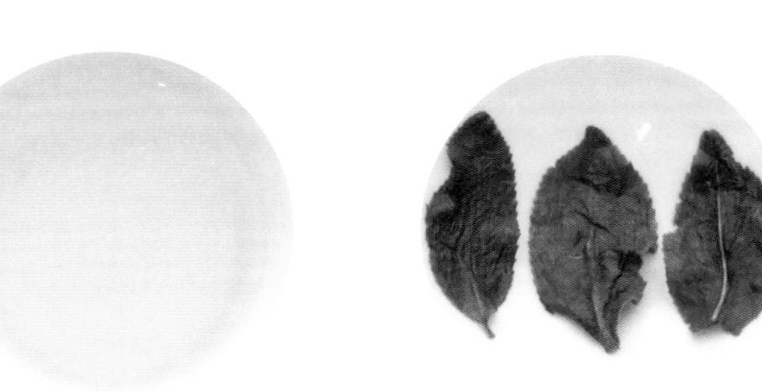

茶汤　　叶底

翠玉茶属于台湾轻发酵乌龙茶中中档代表品种，创制于20世纪70年代，产于台北桃园市茶区，产区分布在鹿谷、竹山、名间、松柏岭等地区，位于海拔1000米左右的高山，污染少，风味佳。

翠玉为台湾培育的新品种茶树，列序为台茶十三号，翠玉茶采摘要求是分批勤采，抓好头批茶的采摘，并采清、采净。手工采要提手采，保持芽叶完整、新鲜、匀净、不夹带鳞片、鱼叶、茶果与老枝叶。翠玉茶传承和发展了闽南乌龙茶工艺特点，增创了乌龙茶品类与花色，并且更适合于工厂化、机械化批量生产，其工艺为摊青、高温杀青、做形、烘干等。翠玉茶滋润淳厚，喉韵特佳，带有非常浓郁的槟榔花香，产量较为稀少。

梨山高山茶

外形：紧结沉重
色泽：翠绿鲜活
汤色：蜜绿显黄
香气：淡雅甜梨果香
滋味：甘醇滑软
叶底：肥厚柔软

干茶

茶汤

叶底

梨山高山茶产于台湾海拔近2000米的梨山茶区，产量稀少，极其名贵，是台湾茶中的极品，属轻发酵茶，精工焙制，汤橙明艳，高雅馥郁，芬芳清新。梨山高山茶具有高山茶耐冲泡、香气浓郁的特性。梨山盛产高山蔬果，梨山高冷乌龙茶园分布于果树之中，吸收天然甜梨果香，叶厚鲜嫩，香气浓郁。

四季春茶

外形：紧结，半球形
色泽：深绿色
汤色：金黄明亮
香气：花香浓郁
滋味：醇厚甘爽
叶底：绿叶红镶边

干茶

茶汤

叶底

四季春茶是一种新创名茶，既有乌龙茶的韵味，又有绿茶的香气，适合四季饮用，故称之四季春茶，口感香气清逸、滋味醇厚。产于台湾桃园市及苗栗县等地。

四季春茶属小叶种茶，有轻微冻顶乌龙茶的口味，更有别具一格的清香韵味，饮后让人感觉如沐春风。四季春茶树品种抗寒性特强，一年四季皆可生产，茶味如百花香，清香四溢，奇特无比，且制茶过程细腻、特殊，耐冲泡，茶水长，茶汤甘甜，喉感奇佳，为很多品茗者喜爱。

第三章

红茶

红茶是国际茶叶市场的大宗产品，属于全发酵茶类，是以茶树的一芽二三叶为原料，经过萎凋、揉捻（切）、发酵、干燥等典型工艺过程精制而成。因其干茶色泽和冲泡的茶汤均以红色为主调，故名红茶。我国红茶种类较多，产地较广，有我国特有的工夫红茶和小种红茶，也有红碎茶。

祁门工夫

外形：条索紧秀，锋苗显露

色泽：乌黑泛灰光，俗称『宝光』

汤色：红艳

香气：浓郁高长

滋味：醇厚

叶底：嫩软红亮

干茶

茶汤

叶底

祁门工夫是我国传统工夫茶的珍品，有百余年的生产历史，主要产于安徽省祁门县，与其毗邻的石台县、东至县、黟县及池州市贵池区等也有少量生产。祁门地区的自然生态环境条件优越，土地肥沃，腐殖质含量较高，早晚温差大，常有云雾缭绕，且日照时间较短，构成茶树生长的天然佳境，形成“祁红”特殊的芳香味。

祁门红茶采摘标准较为严格，高档茶以一芽一二叶为主，一般均系一芽三叶及相应嫩度的对夹叶，在制茶方法上，实行机械制茶，着重抓外形紧结苗秀和内质香味，保持并发扬祁门香的特点，使祁红工夫品质经久不衰，盛誉常在。

茶汤

正山小种为历史名茶，红茶鼻祖，与人工小种合称为小种红茶，18世纪后期，首创于福建省崇安县（今武夷山市）桐木地区。历史上该茶以星村为集散地，故又称星村小种。茶区分布与自然环境：现在产地仍以桐木为中心，另南平市武夷山市、建阳区、光泽县交界处的高地茶园均有生产。

正山小种鲜叶采自武夷山国家级自然保护区内的山茶奇兰为原料，其采摘标准为一芽两叶为佳。正山小种工艺流程包括鲜叶、摊放、萎凋（室内）、揉捻、发酵、烘焙、毛茶等工序。根据目前使用的正山小种行业标准依次分为：特等（仿传统制法），特级，一级，二级，三级。正山小种是全发酵茶，一般存放一两年后松烟味进一步转换为干果香，滋味变得更加醇厚而甘甜。茶叶越陈越好，陈年（三年）以上的正山小种味道特别醇厚、回甘。

叶底

正山小种

外形：条索肥壮，紧结圆直

色泽：乌润

汤色：红艳浓厚

香气：芬芳浓烈，醇馥的烟香

滋味：醇厚，似桂圆汤味

叶底：嫩软红亮

干茶

外形：绒毛少，条索紧细重实

色泽：金黄黑相间

汤色：金黄，有金圈

香气：花果香、蜜香

滋味：鲜活甘爽

叶底：芽尖鲜活

干茶

茶汤

叶底

金骏眉是正山小种茶的顶级品种，产于福建武夷山市桐木关。因条索外形似人的眉毛，再取创始人梁骏德名字中间的“骏”字，因而得名“骏眉”。成茶有蜜糖香，茶汤有悠悠甜香，夹杂着花果味，口感清甜顺滑。上品金骏眉一般能够连泡12次，而且口感仍然饱满甘甜，香气仍存。如果是次品，则冲泡几次后就香味无存了。

滇红工夫

外形：条索紧结，金毫显露
色泽：乌黑油润
汤色：红浓明亮
香气：鲜郁高长
滋味：浓厚鲜爽
叶底：红匀嫩亮

干茶

茶汤

叶底

滇红工夫属大叶种类型的工夫茶，是我国工夫红茶的新葩，创制于1958年，产于滇西、滇南两个地区，主产云南的临沧、保山等地，滇红工夫内质香郁味浓，香气以滇西茶区的云县、凤庆县、昌宁县为好。

滇红工夫中，品质最优的以一芽一叶为主加工而成。滇红工夫和滇红红碎茶主销俄罗斯、波兰等国和西欧、北美等30多个国家和地区。内销全国各大城市。滇红工夫的品饮多以加糖加奶调和饮用为主，加奶后的香气滋味依然浓烈。冲泡后的滇红茶汤红艳明亮，高档滇红，茶汤与茶杯接触处常显金圈，冷却后立即出现乳凝状的冷后浑现象，冷后浑早出现者是质优的表现。

凤牌红碎茶

外形：颗粒紧结，身骨重实
色泽：乌润
汤色：红艳
香气：馥郁
滋味：鲜爽
叶底：红匀明亮

干茶

茶汤

叶底

凤牌红碎茶选用优良云南凤庆大叶种茶鲜嫩芽叶作原料，采用科学方法精制而成，水浸出物高达40%左右，以出类拔萃的品质受到国内外茶叶界行家的高度赞赏。品种有CF262、CF271、CF413、F102和F104等。

凤牌红碎茶的采制工艺与工夫红茶截然不同，制红碎茶的鲜叶以采摘初展的一芽三叶和同等嫩度的单叶对夹叶为标准，其初制工艺主要是通过适当萎凋后，采用强烈而快速的切碎机械充分破碎叶组织，并通过6孔筛控制碎粒的大小，凡大于6孔筛的要反复切碎，又根据切碎的先后次序划分等级。再恰当配合发酵和干燥工艺，达到外形呈紧结细小颗粒，内质浓、强、鲜均优的目的。红碎茶浓、强、鲜，适用于工业萃取浓缩液、奶茶原料；在西餐厅、咖啡厅、茶馆里可以调制成各种口味的红茶，成本较低。

茶汤

坦洋工夫曾被列为福建省三大工夫红茶之首，它的原产地福安市社口镇坦洋村，位于闽东最高的峰峦——白云山麓。这里常年烟云缈缈，雨雾蒙蒙。清朝咸丰、同治年间有个叫胡进四的茶农用萎凋、揉捻、发酵、烘焙等工序精制而得汤色红、味鲜醇、耐冲泡的工夫红茶，取名“坦洋工夫”。坦洋工夫分布较广，主产福安、柘荣、寿宁、周宁、霞浦县及屏南县北部等地。初制加工工艺包括鲜叶、萎凋、揉捻、解块筛分、发酵、烘干等工序。

叶底

坦洋工夫

外形：条索紧结圆直

色泽：乌润，茶毫细细，略显金黄

汤色：红浓明亮

香气：高爽

滋味：醇厚

叶底：红匀光滑

干茶

白琳工夫

外形：条索细长弯曲，茸毫多呈颗粒绒球状

色泽：黄黑

汤色：艳丽红亮

香气：鲜纯有毫香

滋味：清鲜甜和

叶底：鲜红带黄

干茶

茶汤

叶底

白琳工夫系小叶种红茶，当地种植的小叶群体种具有茸毛多、萌芽早、产量高的特点。产于福建省福鼎市太姥山白琳镇、湖林村一带。太姥山地处闽东偏北，与浙江毗邻，地势较高，群山叠翠，岩壑争奇，茶树常种于崖林之间。茶树根深叶茂，芽毫雪白晶莹。19世纪50年代，福建、广东茶商在福鼎经营加工工夫茶，广收白琳、翠郊、蹯溪、黄岗、湖林及浙江的平阳、泰顺等地的红条茶，集中在白琳加工，白琳工夫由此而生。

政和工夫

外形：条索肥壮重实、匀齐
色泽：乌黑油润，毫芽显露金黄色
汤色：红艳
香气：浓郁芬芳，隐约之间颇似紫罗兰香气
滋味：醇厚
叶底：肥壮尚红

干茶

茶汤

叶底

政和工夫为福建三大工夫红茶之一，是最具高山茶品质特征的一种条形茶，产地以政和县为主，南平市松溪县以及浙江的庆元地区所出的红毛茶，在政和加工，也称政和工夫。19世纪中叶为政和工夫兴盛时期，年产量上万担（1担=50千克），后逐渐衰退，几乎绝迹。建国后恢复生产，但产量较少。

政和县内山岭层叠，雨量充沛，茶园多开辟在缓坡处的森林旧地，土层肥沃，茶树生长繁茂。政和工夫按品种分为大茶、小茶两种。大茶是采用政和大白茶制成，茶叶加工工艺包括萎凋、揉捻、发酵、烘干等工序。毫多味浓，为闽北工夫之上品，以小叶种制成之小茶，香气高似祁红。一般政和工夫是用政和大白茶品种为主体，适当拼配由小叶种茶树选制的具有浓郁花香特色的工夫红茶。

九曲红梅

外形：条索细紧，弯曲
色泽：乌润
汤色：红艳明亮
香气：芬馥
滋味：浓郁鲜爽
叶底：红艳成朵

干茶

茶汤

叶底

九曲红梅是杭州市西湖区另一大传统拳头产品，是红茶中的珍品。产于周浦乡的湖埠、上堡、大岭、张余、冯家、灵山、社井、仁桥、上阳、下阳一带，尤以湖埠大坞山所产品质最佳。大坞山高500多米，山顶为一盆地，沙质土壤，土质肥沃，四周山峦环抱，林木茂盛，遮风避雪，掩映烈阳；地临钱塘江，江水蒸腾，山上云雾缭绕，适宜茶树生长和茶叶品质的形成。

九曲红梅采摘标准要求一芽二叶初展，经杀青、发酵、烘焙而成，关键在发酵、烘焙。九曲红梅因其色红、香如红梅，故称九曲红梅，滋味鲜爽、暖胃。九曲红梅生产已有近200年历史，100多年前就成名，早在1886年就已获巴拿马世界博览会金奖，其名气稍逊于西湖龙井。

茶汤

叶底

川红工夫是20世纪50年代产生的工夫红茶，产于四川省宜宾市等。四川省是我国茶树发源地之一，茶叶生产历史悠久，地势北高南低，东部形成盆地，秦岭、大巴山挡住北来寒流，东南向的海洋季风可直达盆地各隅。年降雨量1000～1300毫米，气候温和，年均气温17～18℃，极端最低气温不低于-4℃，最冷的1月份，平均气温较同纬度的长江中下游地区高2～4℃，茶园土壤多为山地黄泥及紫色砂土。川红工夫问世以来，在国际市场上享有较高声誉，多年来畅销俄罗斯、法国、英国、德国及罗马尼亚等，堪称中国工夫红茶的后起之秀。

干茶

川红工夫

外形：条索肥壮圆紧、显金毫

色泽：乌黑、油润

汤色：红浓明亮

香气：清鲜带枯糖香

滋味：醇厚鲜爽

叶底：厚软红匀

英德红茶

外形：条索圆紧，金毫满披
色泽：乌黑油润
汤色：红艳明亮
香气：鲜纯浓郁，花香明显
滋味：浓厚甜润
叶底：柔软红亮

干茶

茶汤

叶底

英德红茶创造制于1959年，直接利用云南大叶种鲜叶研制获得成功，1964年工艺基本定型，并通过中央四部（农业部、商业部、外贸部、一机部）鉴定。九十年代初研究开发出品质卓越的“金毫茶”产品，成为红茶之最，被誉为“东方金美人”，令世人瞩目。产于广东省英德茶场。

英德红茶加工技术：鲜叶原料必须具有嫩、匀、鲜、净；适时萎凋，萎凋叶含水量在（64±1）%；大机揉捻打条40～50分钟，短时多次切碎（盘式机三要三筛，各次10～20分钟；适度偏轻发酵；105～115℃温度簿摊一次干燥），后被称之为“传统法”。一直延续到20世纪70年代中期。英德红茶加奶后茶汤棕红瑰丽，味浓厚清爽，色、香、味俱全（佳），较之滇红、祁红别具风格。“英红”成茶内含物丰富，达到国际高级红茶质量水平。

宜红工夫

外形：条索紧结秀丽
色泽：乌润显毫
汤色：红艳透明
香气：清鲜纯正
滋味：鲜爽醇甜
叶底：红亮柔软

干茶

宜红工夫茶汤稍冷即有“冷后浑”现象产生，是我国上等品质的工夫红茶之一。产于鄂西山区宜昌、恩施两地。宜红茶区特有的茶树品种资源，如宜昌大叶种、宜红早、恩施大叶种、鹤峰苔子茶、恩施苔子早、巴东苔子茶、五峰大叶种、五峰柳叶种等。

茶汤

宜红工夫于每年的清明前后至谷雨前开园采摘，现采现制，以保持鲜叶的有效成分，以一芽一叶及一芽二叶为主，制作工艺精湛。分初制和精制两大过程，初制包括萎凋、揉捻、发酵、烘干等工序，使芽叶由绿色变成紫铜红色，香气透发，然后进行文火烘焙至干。精制工序复杂花工夫，则将长短粗细、轻重曲直不一的毛茶，经毛筛、抖筛、分筛、紧门、撩筛、切断、风选、拣剔、整形、审评提选、分级归堆，同时为提高干度，保持品质，便于贮藏和进一步发挥茶香，再行补火、清风、拼和、装箱制成，成为形质兼优的成品茶。

叶底

阳羡红茶

外形：条索紧结秀丽
色泽：乌润显毫
汤色：红艳透明
香气：栗香香气清鲜纯正
滋味：鲜爽醇甜
叶底：鲜嫩红匀

干茶

茶汤

叶底

阳羡红茶又名宜兴红茶，也被称作苏红，产于江苏宜兴市。宜兴在战国时代称“荆溪”，秦汉时置名为“阳羡”，阳羡制茶，源远流长，久负盛名，唐代始做贡茶。这里濒临太湖，层峦叠嶂，风光绮丽，更兼有“善卷”“张公”“灵谷”三洞之胜，吸引着无数海内外游客。不少慕名而来的旅游者，在饱览了宜兴的湖光山色、洞天奇景之后，都忘不了沏上一壶阳羡红茶来品尝一番。泡出来的茶汤红艳透明，味香而甜，堪称茶中佳品。

茶汤

叶底

桂红工夫

外形：条索紧结，肥硕雄壮
色泽：乌润，金毫特显
汤色：红艳明亮
香气：馥郁而高长
滋味：醇厚鲜爽
叶底：红匀嫩亮

桂红工夫是新创名茶，属条形红茶，产于广西百色市。广西产茶历史悠久，唐代就生产吕仙茶、象州茶、容州竹茶等。茶区属于亚热带气候，产地年均降雨量1200毫米以上，年平均气温在20℃左右，终年无霜雪，土壤为微酸性红壤，土层深厚，很适宜茶树的生长。桂红工夫采自当地白毛茶品种茶树一芽一叶初展的鲜叶。加工工艺包括萎凋、揉捻、发酵、烘干等工序。

桂红工夫是红茶中的珍品，深受消费者欢迎，1999年荣获全国第三届“中茶杯”名优茶称号，2000年荣获韩国茶人联合会第二届国际名茶评比红茶类金奖，2002年荣获中国（芜湖）国际茶叶博览会金奖。

干茶

日月潭红茶

外形：条索粗壮紧结

色泽：深褐色

汤色：橘红色

香气：果香甜香

滋味：浓郁醇厚

叶底：红艳明亮

干茶

茶汤

叶底

日月潭红茶是台湾的历史名茶，已有一百多年的历史，因产于日月潭附近而得名。主产区是南投县埔里镇及鱼池乡一带。成品茶汤色红艳，甜香浓郁，倘若添加柠檬、白糖或奶精调制，风味更佳。

日月潭红茶采用当地中小叶种生产，1925年由于引进印度阿萨姆品种，遂开始用大叶种制作，品质更加优异，与印度、斯里兰卡的高级红茶不相上下。日月潭红茶采用传统制法，采制一芽二三叶，经萎凋、揉捻、发酵、毛火足火干燥而成。由于近年来世界性红茶生产过剩，加上国人饮茶风气改变，日月潭红茶种植已逐渐减少，但日月潭红茶在茶市场仍有相当多的爱好者，仍是台湾相当知名的茶品。

第四章

白茶

白茶是我国特产，属轻微发酵茶类，是中国茶中珍品，基本工艺过程是晾晒、干燥。白茶的品质特点是干茶外表满披白色茸毛，色白隐绿，汤色浅淡，味甘醇。白茶产量小，主要产于福建东部的福鼎、政和等地，产品主要外销东南亚地区，近年来在国内也很流行。白茶性凉，有清热退火的功效。

白毫银针

外形：形状似针，色白如银
色泽：色白富光泽
汤色：浅杏黄
香气：清鲜
滋味：醇和爽口
叶底：肥嫩柔软

干茶

茶汤

叶底

白毫银针是历史名茶，简称银针，也称白毫，素有茶中“美女”“茶王”之美称。主要产于福建省福鼎、政和两地。清代嘉庆元年（公元1796年），福鼎用菜茶（有性群体）的壮芽为原料，创制白毫银针。约在1857年，福鼎大白茶品种茶树在福鼎市选育繁殖成功，于是1885年起改用福鼎大白茶品种茶树的壮芽为原料，菜茶因茶芽细小，已不再采用。政和1880年选育繁殖政和大白茶品种茶树，1889年开始产制银针。

银针性寒凉，有退热祛暑解毒之功，1982年被商业部评为全国名茶，在30种名茶中名列第二。目前白毫银针主销我国港澳地区，也销往德国及美国等地。

茶汤

白牡丹因其绿叶夹银白色毫心，身披白茸毛的芽叶成朵，宛如一朵朵白牡丹花，冲泡后绿叶托着嫩芽，宛如牡丹初放，故而得名。产于福建省福鼎市、政和县一带。

白牡丹采用福鼎大白茶、福鼎大毫茶或水仙种的短小芽叶新梢的一芽一二叶为原料，经传统工艺加工而成。采摘时期为春、夏、秋三季，其中采摘标准以春茶为主，一般为一芽二叶，并要求“三白”，即芽、一叶、二叶均要求有白色茸毛。其制作工艺不经炒揉，只有萎凋及焙干两道工序，关键在于萎凋，要根据气候灵活掌握，以春秋晴天或夏季不闷热的晴朗天气、室内自然萎凋或复式萎凋为佳。白牡丹是白茶中的上乘佳品，1922年政和开始制造白牡丹远销越南，现主销港澳及东南亚地区，有退热祛暑之功，为夏日佳饮。

叶底

白牡丹

外形：两叶抱一芽，叶态自然
色泽：深灰绿或暗青苔色
汤色：杏黄或橙黄清澈
香气：清鲜纯正
滋味：鲜醇清甜
叶底：浅灰，叶脉微红

干茶

贡眉和寿眉

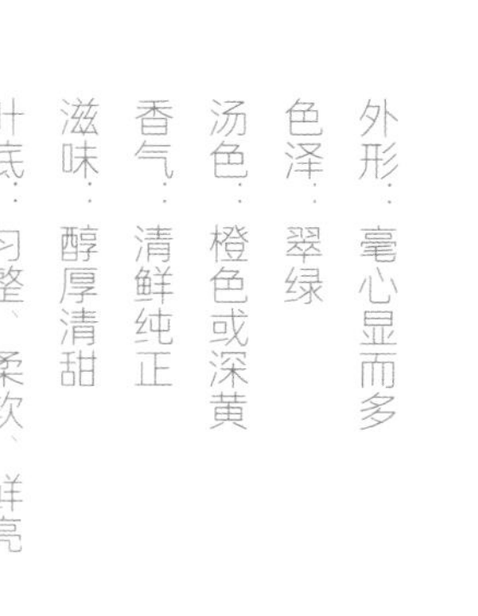

外形：毫心显而多
色泽：翠绿
汤色：橙色或深黄
香气：清鲜纯正
滋味：醇厚清甜
叶底：匀整、柔软、鲜亮

干茶

茶汤

叶底

寿眉，有时称作贡眉，是以菜茶有性群体茶树芽叶制成的白茶。一般以贡眉表示上品，质量优于寿眉，近年则一般只称贡眉，而不再有寿眉的商品出口。主要产于福建福鼎市、南平市建阳区。建瓯市、浦城县等也有生产，产量占白茶总产量一半以上。生产贡眉原料采摘标准为一芽二叶至一芽二三叶，要求含有嫩芽、壮芽。寿眉为白叶茶，采的茶叶基本为叶片。初精制工艺与白牡丹基本相同。寿眉主销我国香港、澳门地区。

新工艺白茶

外形：叶张略有缩摺呈半卷条形

色泽：橙红

汤色：橙色或深黄色

香气：清香馥郁

滋味：浓醇清甘

叶底：开展，筋脉带红

干茶

新工艺白茶简称新白茶，是福建省为适应香港地区消费需要于1968年创制的新产品，是按白茶加工工艺，在萎凋后加以轻揉制成。新白茶对鲜叶的原料要求同白牡丹一样，一般采用“福鼎大白茶”“福鼎大毫茶”茶树品种的芽叶加工而成，原料嫩度要求相对较低。在初制时，原料鲜叶萎凋后迅速进入轻度揉捻，再进行干燥。其制作工艺为萎凋、轻揉、干燥、拣剔、过筛、打堆、烘焙、装箱。

茶汤

新白茶因其条形比贡眉更卷紧，汤味比较浓烈，汤色也比较深沉，十多年来深受广大消费者欢迎。2002年，美国的医疗研究机构研究表明，茶叶辅助“三抗三降”（抗癌变、抗辐射、抗氧化、降血压、降血脂、降血糖）作用以白茶最显著，而新白茶又比白茶中的其他产品更有效，尤其是新白茶的辅助防癌效果更佳。

叶底

第五章

黄茶

黄茶生产历史悠久，起始于西汉，有不少名茶都属此类，属轻发酵茶类，基本工艺近似绿茶，但在制茶过程中加以闷黄，因此成品茶具有黄汤、黄叶的特点。黄茶产量很低，主要内销各大城市，也有少量销往日本。

君山银针

外形：芽头茁壮，紧实而挺直，白毫显露，茶芽大小长短均匀，形如银针

色泽：黄绿鲜亮

汤色：橙黄，杏黄色

香气：清香高长

滋味：甘甜醇和

叶底：黄亮匀齐

干茶

茶汤

叶底

君山银针是黄茶中的珍品，历史悠久，唐代就已生产、出名。产于湖南岳阳市洞庭湖中的君山。君山又名洞庭山，为湖南岳阳市君山区洞庭湖中岛屿。

君山银针采制要求很高，采摘茶叶的时间只能在清明节前后7~10天内，加工工艺包括杀青、摊晾、初烘、初包（闷黄）、再摊晾、复烘、复包（闷黄）、焙干等工序，需78个小时方可制成。将君山银针放入玻璃杯内，以沸水冲泡，这时茶叶在杯中一根根垂直立起，踊跃上冲，悬空竖立，继而上下游动，然后徐徐下沉，簇立杯底。军人视之谓“刀枪林立”，文人赞叹如“雨后春笋”，艺人偏说是“金菊怒放”。君山银针茶汁杏黄，香气清鲜，叶底明亮，又被人称作“琼浆玉液”。

蒙顶黄芽

外形：芽条匀整，扁平挺直

色泽：黄润，金毫显露

汤色：黄中透碧

香气：甜香清纯

滋味：甘醇鲜爽

叶底：全芽嫩黄、嫩匀

干茶

茶汤

叶底

蒙顶黄芽自唐始至明清皆为贡品，于1959年恢复生产。产于四川蒙山，蒙山终年朦朦的烟雨、茫茫的云雾、肥沃的土壤、优越的环境，为蒙顶黄芽的生长创造了极为适宜的条件。

蒙顶黄芽的鲜叶采摘标准为一芽一叶初展，每市斤鲜叶有8000～10000个芽头，要求芽头肥壮，大小匀齐，加工工艺包括杀青、初包（闷黄）、二炒、复包（闷黄）、三炒、摊放、整形、提毫、烘焙等工序。俗话说："昔日皇帝茶，今入百姓家!"是蒙顶黄芽的真实写照。

霍山黄芽

外形：形似雀舌，芽叶细嫩多毫
色泽：嫩黄
汤色：黄绿清澈
香气：有熟栗子香
滋味：醇厚回甜
叶底：嫩黄明亮，嫩匀厚实

干茶

茶汤

叶底

霍山黄芽是黄茶的一种，源于唐朝之前，兴于明清时期，1971年恢复生产，主要产于安徽省霍山县大化坪金鸡山、太阳乡金竹坪、佛子岭镇乌米尖、诸佛庵镇金家湾、上土市九宫山、单龙寺、磨子谭、胡家河等地。

霍山黄芽鲜叶细嫩，因山高地寒，开采期一般在谷雨前3~5天，采摘标准一芽一叶、一芽二叶初展。黄芽要求鲜叶新鲜度好，采回鲜叶应薄摊散失表面水分，一般上午采、下午制，下午采、当晚制完。黄芽加工工艺分杀青、初烘、摊放、复烘、足烘五道工序。霍山黄芽分为特级、一级、二级、三级。

温州黄汤

外形：条形细紧纤秀
色泽：黄绿多毫
汤色：橙黄鲜明
香气：清芬高锐
滋味：鲜醇爽口
叶底：芽叶成朵匀齐

干茶

茶汤

叶底

温州黄汤始于清代，距今已有200余年的历史，1978年恢复生产。产于浙江南泰顺、平阳、端安、永嘉等县，品质以泰顺东溪和平阳北港（南雁荡山区）所产为最好。

温州黄汤清明前开采，采摘标准为细嫩多毫的一芽一叶和一芽二叶初展，要求大小匀齐一致。炒制的基本工艺是杀青、揉捻、闷堆、初烘、闷烘五道工序。成品茶品质优异，深受市场欢迎。

第六章

黑茶

黑茶属于后发酵茶，是我国特有的茶类，生产历史悠久，以制成紧压茶边销为主，主要产于湖南的安化县和湖北、四川、云南、广西等地。主要品种有安化黑茶、湖北佬扁茶、四川边茶、广西六堡散茶、云南普洱茶等，其中四川边茶历史最久。

普洱生茶

外形：圆整周正、显毫

色泽：黄褐或黄绿色

汤色：黄绿清明

香气：清纯持久

滋味：浓厚回甘

叶底：黄绿肥厚

干茶

茶汤

叶底

普洱茶是以地理标志保护范围内的云南大叶种晒青茶为原料，并在地理标志保护范围内采用特定的加工工艺制成的茶品。原国家质检总局规定，普洱茶地理标志产品保护范围是云南省昆明市、楚雄彝族自治州、玉溪市、红河哈尼族彝族自治州、文山壮族苗族自治州、普洱市、西双版纳傣族自治州、大理白族自治州、保山市、德宏傣族景颇族自治州、临沧市共11个州市所属的639个乡镇。

普洱生茶是以符合普洱茶产地环境条件下生长的云南大叶种茶树鲜叶为原料，经杀青、揉捻、日光干燥、蒸压成型等工艺制成的紧压茶。以自然方式发酵，新茶茶性较刺激，存放多年后茶性会转温和，好的陈年普洱茶通常是以此种制法制得。

普洱熟茶

外形：圆整周正、显毫
色泽：红褐
汤色：红浓明亮
香气：陈香
滋味：醇厚回甘
叶底：红褐

干茶

茶汤

叶底

普洱熟茶是以符合普洱茶产地环境条件的云南大叶种晒青毛茶为原料，采用特定的工艺，经快速后发酵熟化加工形成的散茶和紧压茶。

普洱生茶性寒，且带有浓烈的苦涩味，无陈香味，生茶散茶需要3年以上的陈化期，茶饼需要5～20年的陈化期才可退去苦涩味，转变出醇、甘、滑的特点，但这一过程所消耗时间太长，且价格太高，寻常百姓不能接受。1973年昆明茶厂与勐海茶厂共同研制渥堆技术，也就是人为加速转化过程，产生熟茶，其特点是茶品退去苦涩，有陈香味，茶汤滑润，口感易接受，价格低廉，现市面上70%的普洱茶销售为普洱熟茶。

普洱散茶

外形：条索紧细、肥硕重实

色泽：乌润或褐红

汤色：红浓明亮

香气：陈香

滋味：醇厚回甘

叶底：厚实呈红褐色

干茶

茶汤

叶底

普洱散茶用优良品种云南大叶种的鲜叶制成，产于滇南的普洱市以及西双版纳州等。普洱散茶制茶过程中未经过紧压成型，茶叶状为散条形的普洱茶为散茶，有用整张茶叶制成的索条粗壮肥大的叶片茶，也有用芽尖部分制成的细小条状的芽尖茶。

云南沱茶

外形：形状似碗，显毫

色泽：乌润

汤色：橙黄明亮

香气：馥郁清香

滋味：醇爽回甘

叶底：黄绿肥厚

茶汤

叶底

云南沱茶属紧压茶，是选用优质晒青毛茶作原料，经高温蒸压精制而成。沱茶原产于云南省景谷县，又称“谷茶”，云南省下关（今大理市）茂恒、永昌祥等号相继生产后，又有谷庄与关庄两家茶号之分，近40年来，云南沱茶集中于大理市下关茶号制造。

云南沱茶以一、二级滇青原料，蒸压成外形直径8厘米、高4.5厘米，历史上云南的沱茶主要分为两类：一类是用晒青毛茶直接蒸压的生沱，另一类是采用人工渥堆发酵后的普洱散茶做原料制成的熟沱。两类沱茶的共同特点：外形紧结端正，冲泡后色、香、味俱佳，耐人寻味。

干茶

景谷月光白

外形：枝条清晰，芽叶显毫

色泽：面白背黑，色泽分明

汤色：橙黄明亮

香气：花香馥郁

滋味：醇厚回甘

叶底：肥壮匀整

干茶

茶汤

叶底

景谷月光白是云南茶人在普洱茶生产制作中不断总结、创新出来的一个新品种，由澜沧县茶农首创。其名称主要来源于制作方法，也契合月亮的至阴至柔的韵味。加工方法：在皓月当空的夜晚，就着露水，采摘一芽一叶的大树茶叶，并在天亮之前回到家中，在全部遮光的土质地面房间内，铺上竹篾编成的板席，将茶叶一片片摊开晾着，并且不能互相重叠、遮盖。这样摊晾4～5天，待茶叶干了就可以收存了，茶品也就基本做好了。月光白是一种普洱茶区流传的特殊制茶工艺，属一种半发酵的普洱茶，是难得的云南普洱茶精品。

藏茶

外形：平整紧实
色泽：深褐色
汤色：红褐尚明
香气：纯正
滋味：醇浓回甘
叶底：棕褐欠匀

干茶

茶汤

叶底

藏茶自唐朝有记录以来，已是千年古茶。藏茶是少数民族中几百万藏族同胞的主要生活饮品，又称为藏族同胞的民生之茶，从古到今，按历史时期和各地风俗不同又称为大茶、马茶、乌茶、黑茶、粗茶、南路边茶、砖茶、条茶、紧压茶、团茶、边茶等。采摘于海拔1000米以上的高山，当年生成熟茶叶和红苔，经过特殊工艺精制而成的全发酵茶。藏茶属于典型的黑茶，它的颜色呈深褐色，又是全发酵茶。

藏茶的原料期为6个月以上的成熟鲜茶叶。制造工序最为复杂，其生产工序多达32道，原料进厂经粗加工后须陈化（存放），藏茶为深发酵（全发酵）茶。由于藏茶是中国砖茶的鼻祖，其制作工艺极为复杂，而且由于持续发酵的原因，所以极具收藏价值，它是古茶类中收藏值最高的茶种。

茯砖茶

外形：长方砖形
色泽：黑褐
汤色：红黄明亮
香气：纯正
滋味：醇和
叶底：黑褐尚匀

干茶

茶汤

叶底

茯砖茶早期称“湖茶”，因在伏天加工，故又称“伏茶”，因原料送到泾阳筑制，又称“泾阳砖”，茯砖茶约在1860年前后问世。现在茯砖茶集中在湖南益阳和临湘两个茶厂加工压制，年产量约2万吨，产品名称改为湖南益阳茯砖。

茯砖茶压制要经过原料处理、蒸气沤堆、压制定形、发花干燥、成品包装等工序。茯砖茶在泡饮时，要求汤红不浊，香清不粗，味厚不涩，口劲强，耐冲泡。特别要求砖内金黄色霉菌（俗称“金花”）颗粒大，干嗅有黄花清香。

茶汤

叶底

湘尖茶成品有“三尖”之称，“三尖”在历史上称天尖、贡尖和生尖，清朝道光年间，天尖和贡尖曾列为贡品。现在“三尖”指湘尖一号、湘尖二号、湘尖三号。湘尖一号、湘尖二号与湘尖三号的主要区别在于所用原料的嫩度不同。湘尖一号和湘尖二号是用一、二级黑毛茶压制而成，而湘尖三号则主要是用三级黑毛茶压制而成。湘尖茶为篓装紧压茶，规格为58厘米×35厘米×50厘米，每篓净重分别为50千克、45千克和40千克。湘尖茶主销陕西，特别为关中一带广大消费者所喜爱，此外还畅销华北各地。

干茶

湘尖茶

外形：条索粗卷

色泽：乌黑油润

汤色：橙黄明亮

香气：纯正，略带松烟香

滋味：浓厚

叶底：黄褐均匀

千两茶

外形：长方砖形

色泽：黑褐

汤色：红黄

香气：纯正

滋味：浓厚微涩

叶底：老嫩匀称

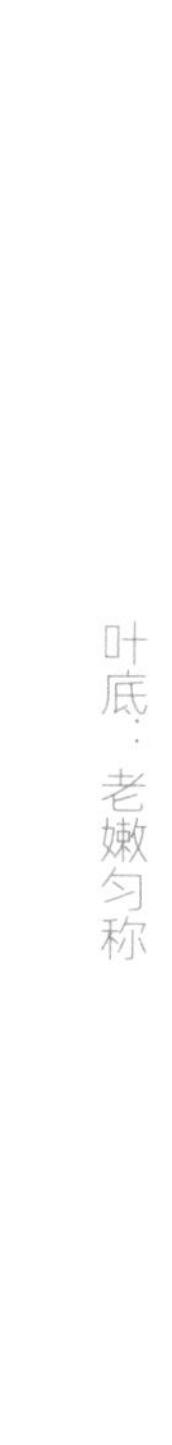

干茶

茶汤

叶底

千两茶即花卷茶，是20世纪50年代绝产的传统工艺商品。过去，花卷的加工方法是用湖南安化高家溪和马安溪的优质黑毛茶作原料，用棍锤筑制在长筒形的篾篓中，筑造成圆柱形（高147厘米，直径20厘米），做工精细，品质优良。历史上最盛时期的年产量达到过3万多支（卷）。吸天地之灵气，收日月之精华，日晒夜露是“千两茶”品质形成的关键工艺。千两茶销区以太原为中心，并转销晋东、晋北及内蒙古自治区等地。

六堡茶

外形：条索粗壮
色泽：黑褐光润
汤色：红浓明净似琥珀色
香气：醇陈，有槟榔香
滋味：浓醇甘和
叶底：黑褐尚匀

干茶

茶汤

叶底

六堡茶为历史名茶，其产制历史可追溯到一千五百多年前。清朝嘉庆年间就列为全国名茶。属黑茶类。原产于广西苍梧县六堡乡，后发展到广西二十余县。

六堡茶初制由农户手工操作，采摘标准为一芽三四五叶。初制工艺包括杀青、揉捻、沤堆、复揉、干燥。六堡茶的复制工艺包括过筛整形、拣梗拣片、拼堆、冷发酵、烘干、上蒸、踩篓、凉置陈化。分特级和一至六级。有特殊的槟榔香气，存放越久品质越佳。主销广东、广西、港澳地区，外销东南亚。

第七章

再加工茶

再加工茶是指以六大基本茶类（绿茶、红茶、青茶、白茶、黄茶、黑茶）为原料，采用一定的手段进行再次加工而成的茶叶，包括花茶、萃取茶、果味茶和药用保健茶等，分别具有不同的品味和功效。随着食品科技的发展，再加工茶也会逐步达到空前的繁荣。

茉莉花茶

外形：条索紧细匀整
色泽：黑褐油润
汤色：黄绿明亮
香气：鲜灵持久
滋味：醇厚鲜爽
叶底：嫩匀柔软

干茶

茶汤

叶底

茉莉花茶是花茶的大宗产品，产区辽阔，产量最大，品种丰富，销路最广。茉莉花茶是用经加工干燥的茶叶与含苞待放的茉莉鲜花混合窨制而成的再加工茶，其色、香、味、形与茶坯的种类、质量及鲜花的品质有密切关系。大宗茉莉花茶以烘青绿茶为主要原料，统称茉莉烘青。

茉莉花茶既是香味芬芳的饮料，又是高雅的艺术品。茉莉鲜花洁白高贵，香气清幽，近暑吐蕾，入夜放香，花开香尽。茶能饱吸花香，以增茶味。只要泡上一杯茉莉花茶，便可领略茉莉的芬芳。

外形：紧细匀整，有锋苗，花干洁白

色泽：绿黄润

汤色：黄绿清澈

香气：鲜灵持久

滋味：醇爽回甘

叶底：绿黄匀亮，细嫩多芽

干茶

茶汤

叶底

碧潭飘雪是一种花茶，碧（茶的色）、潭（茶碗）、飘（花瓣浮飘水面，香味四溢）、雪（洁白茉莉）。颜色是清新透亮的绿，上面飘浮着白色的花瓣，茶香、花香淡淡的，却经久停留在唇齿之间。

碧潭飘雪产于四川峨眉山，外形紧细挺秀，白毫显露，香气持久，回味甘醇。采用早春嫩芽为茶坯，与含苞未放的茉莉鲜花混合窨制而成，花香、茶香交融，并保留干花瓣在茶中。冲泡后茶汤黄亮清澈，朵朵白花飘浮其上如同天降瑞雪，颇具观赏性和美感，香气清悠品味高雅，有浓郁的茉莉花香气，泡饮时应选用盖碗泡饮，可看到就像碧潭上飘了一层雪。品此茶令人赏心悦目。

桂花茶

外形：条索紧细匀整
色泽：墨绿油润
汤色：绿黄明亮
香气：浓郁持久
滋味：醇香适口
叶底：嫩黄明亮

干茶

茶汤

叶底

桂花茶是茶产品中的大宗品种，我国适制花茶的桂花主要有金桂、丹桂、银桂、四季桂。以广西桂林市、湖北咸宁市产量最大。桂花茶以桂花的馥郁芬芳衬托茶的醇厚滋味而别具一格，成为茶中之珍品，并有部分外销日本和东南亚地区，深受国内外消费者青睐。

桂花乌龙

外形：条索粗壮重实，含有散粒形桂花干
色泽：褐润
汤色：橙黄明亮
香气：高雅隽永
滋味：醇厚回甘
叶底：软亮

干茶

茶汤

叶底

桂花乌龙是中国特产茶，主产地为台湾，大陆的福建省也有生产，主销港澳、东南亚和西欧。主要以当年或隔年夏、秋茶为原料。特有的桂花香气添加其中，与乌龙茶的滋味和香气极好地融合，是性价比相当高的茶品，以香气柔和，滋味可口而使大众所喜爱。桂花又是一种名贵的中成药，它以芳香著称于世。现代科学研究表明，桂花茶中含有钾、钼、硒、钴等对人体有益的微量元素。

茶汤

叶底

人参乌龙色味清香、回味悠长，饮后口舌之中产生一种莫名的香味，故也称为“兰贵人”，原产地为我国台湾，今在海南也可以见到。

分辨人参乌龙好坏有一个简便的方法，即冲泡时茶的叶底散开越快相对来说茶质越优。上好的人参乌龙，是用上等乌龙茶与西洋参加工、精制而成，既保留了乌龙茶醇厚的回味，又加入了西洋参的补性和甘甜，入口清香扑鼻，舌底生津，回味无穷。人参乌龙中加入7～8粒红枣炖后饮用，对女性可补血、养颜、调节内分泌。

干茶

人参乌龙

外形：紧结，参味融于茶中

色泽：墨绿光润

汤色：橙黄

香气：清香扑鼻

滋味：醇厚甘甜

叶底：边缘呈红褐色，中间部分为淡绿色

荔枝红茶

外形：条索细紧、匀整

色泽：乌黑油润

汤色：红艳明亮

香气：鲜荔枝香味明显

滋味：浓强鲜爽甜润

叶底：柔软红亮

干茶

茶汤

叶底

荔枝红茶在将新鲜荔枝烘成干果过程中，以工夫红茶（指贡茶，即高等红茶）为材料，低温长时间合并熏制而成，外形普通，茶汤美味可口，冷热皆宜，产自广东、福建一带茶区。

荔枝红茶的制作工艺：采用优良品种荔枝和优质红茶条，通过科学方法和特殊工艺技术，促使优质红条茶吸取荔枝果汁液的香味，制成荔枝红茶成品。荔枝红茶已销往香港、澳门并逐步扩展到东南亚、西欧和日本等十多个国家和地区。

第八章

非茶之茶

人们习惯把当作茶来饮用的饮品都称为『茶』，市场上非茶之茶甚多，均不属于茶叶的范畴，但它却以保健茶或药用茶的形态出现。它们虽不是茶，但又不能称为假茶，其真正的含义是把这些植物叶或茎叶加工成干样后当茶泡饮。因此，这些非茶制品在广义上便成了茶家族中的『成员』。

海南苦丁茶

外形：条索紧细呈直条形
色泽：灰绿
汤色：黄绿清澈
香气：清正
滋味：微苦清甘
叶底：深绿柔软

干茶

茶汤

叶底

海南苦丁茶是选用野生大叶冬青苦丁，采用传统工艺精心炒制而成，产于云雾缭绕的五指山区。

苦丁茶系纯天然多功能保健珍品，被海外人士誉为“长寿茶”“美容茶”。苦丁茶味苦、性平，是苦味食品中的珍品（人食五味，皆有益于人体，一般以苦味食之最少，而其作用却很大）。常饮该茶有益于人体的呼吸系统、循环系统、消化系统和内分泌系统。

茶汤

叶底

四川苦丁茶属纯天然野生植物，可清热解毒、明目清肝、益喉润肺，是一种纯天然健康饮品。产于四川省都江堰市。

四川苦丁茶采用青城山区生长的冬青树的大果冬青树的鲜叶，经蒸、烘、晒、压后切成小方块即成。该茶已有近千年的生产历史，药用价值极高，内含丰富的蛋白质、氨基酸、维生素B、苦丁茶素、黄酮苷碱、葡萄糖醛酸、植物甾醇和多种无机盐。经常饮用，具有很好的清热解暑、除烦消渴，预防和辅助治疗头昏、目眩、高血压、急慢性肝炎、胆囊炎等疾病的效果。四川苦丁茶荣获2003年中国茶叶、茶具、茶文化博览会“优质名茶”称号。

干茶

四川苦丁茶

外形：小叶，一芽二三叶
色泽：绿润
汤色：碧绿
香气：清香
滋味：微苦，苦尽甘来
叶底：鲜绿

杭白菊

外形：花形完整，花瓣厚实，花朵大小均匀
色泽：淡白黄
汤色：淡黄色
香气：花果香味
滋味：甘醇微苦
叶底：花瓣玉白、花蕊深黄、色泽均匀

干茶

茶汤

叶底

杭白菊又称甘菊，是我国传统的栽培药用植物，是浙江省八大名药材“浙八味”之一，也是菊花茶中极好的一个品种。产于浙江桐乡县与湖州市。

杭白菊的加工比较简单，在10月底采取洁白、饱满开足的鲜花朵，经蒸汽杀青后晒干即为成品。其中以花朵肥大、色泽洁白、花蕊金黄、较为干燥的为上品；花蕊灰褐、花瓣黄褐是次品。

杭白菊具有健胃、通气、利尿解毒、明目的作用。热饮后，全身发汗感到轻松，是辅助医治感冒的良药，也是老少皆宜的保健饮料。泡饮时每杯放四五朵干花，香气芬芳浓郁，滋味爽口，回味甘醇，喜爱饮用的人很多，尤其是东南亚一带的华侨更喜欢品饮。

黄山贡菊

外形：花心小，质柔软
色泽：花瓣色白、蒂绿
汤色：色清黄亮
香气：芳香
滋味：味甘微苦
叶底：均匀不散朵

干茶

黄山贡菊为平瓣小菊品种，起于宋代，盛于明清，在清朝光绪年间，京城流行红眼病，经黄山徽州商人介绍，用菊花治好了病，故被皇宫誉为贡品而名贡菊。黄山贡菊产地山峦起伏，绿水长流，夏无酷暑，冬无严寒，四季分明，温暖湿润，雨量充沛，阳光充足，年均气温16.4℃，属热带北缘区，特别适宜贡菊生长。

茶汤

黄山贡菊产自安徽省著名的旅游胜地黄山，主产区在黄山歙县金竹村一带。以它独特品质和加工工艺称绝于其他菊花品种。黄山贡菊被《中国药典》誉为“菊中之冠”“民族瑰宝”，而名列全国四大名菊之首，年产量40万千克以上。贡菊冲泡后品味，有清热祛火、清肝明目的作用。

叶底

外形：成花朵形状

色泽：翠绿明亮

汤色：黄绿明亮

香气：花香与茶香交融

滋味：醇和回甘

叶底：嫩浅黄绿

干茶

茶汤

叶底

花形工艺茶是手工扎制的特型名茶，产于安徽黄山市。主要采用一芽一叶细嫩芽叶为原料，经过杀青、摊凉、做形（扎制）、烘干等工序制成。花形工艺茶既可以饮用，又可以供艺术欣赏，千姿百态，异彩纷呈。

下篇

名茶　茶艺

第一章

生活茶艺

泡茶要素

人人都会喝茶，但不一定每个人都能把茶泡好。中国茶叶种类繁多，水质也各有差异，冲泡技术不同，泡出的茶汤当然就会有不同的味道。要想泡好一杯茶，既要熟悉各类茶叶的属性、掌握好泡茶用水与器具，更要讲究有序而优雅的冲泡方法与动作，还要营造好的品茗环境。

选茶和鉴茶

只有正确鉴茶，方能决定冲泡的方法。中国茶的种类很多，可以根据采摘时间的先后分为春茶、夏茶、秋茶，也可以按种植的地理位置不同分为高山茶和平地茶，还可以根据加工方法不同将茶分为绿茶、红茶、青茶（乌龙茶）、白茶、黄茶、黑茶。要泡好茶首先要了解各种茶的属性，顺茶性才能泡好茶。

选水

好水才能泡好茶，明代许次纾《茶疏》中就说："精茗蕴香，借水而发，无水不可论茶也。"

茶人独重水，因为水是茶的载体，饮茶时愉悦快感的产生、无穷意念的回味，都要通过水来实现。水有泉水、溪水、江水、湖水、井水、雨水、雪水之分，只有符合"清、活、甘、轻、冽"五个标准的水才算得上是好水。

清是指水质洁净透澈，水质清洁、无色、透明、无沉淀物才能显出茶的本色。

活是指有源头而常流动的水，在活水中细菌不易大量繁殖，同时活水中氧气和二氧化碳等气体的含量较高，泡出的茶汤滋味更鲜爽。

轻是指分量轻，比重较轻的水中所溶解的钙、镁、钠、铁等矿物质较少。

甘是指水略有甘味，只有"甘"才能够出"味"。

冽是因为寒冽之水多出于地层深处的矿脉之中，泡出的茶汤滋味纯正。

佳茗配美器

美的茶具对泡茶也有好处：一是益茶，陆羽《茶经》云："青则益茶"，茶具颜色对茶汤色泽能起到很好的衬托作用；二是影响茶的滋味和香气，茶具的材料对茶汤滋味和香气有很大的影响，密度高的壶，泡起茶来，香味比较清扬，密度低的壶，泡起茶来，香味比较低沉。

好的茶器应该古朴、自然、真实、不矫情做作，让人从中参悟到这不仅仅是能盛茶水的容器，更让人们发现自然奥秘、品味佛家禅意、领会人生哲理、净化意识灵魂、领略艺术真谛。

泡茶技巧

好的泡茶技巧包括三个要素，即投茶量、泡茶水温、冲泡时间。

1. 投茶量

投茶量关键是掌握茶与水的比例，茶多水少则味浓，茶少水多则味淡。投茶量因人而异，也要视不同饮法而有所区别。

2. 泡茶水温

水温过低，茶中有效成分不易泡出，水温过高，会破坏茶所具有的营养成分，茶汤的颜色不鲜明，味道也不醇厚。一般说来，泡茶水温的高低与茶叶种类及制茶原料密切相关。泡茶水温的高低，还与茶的老嫩、松紧、大小有关。大致说来，茶叶原料粗老、紧实、整叶的，要比茶叶原料细嫩、松散、碎叶的，茶汁浸出要慢得多，所以冲泡水温要高。

3. 冲泡时间

茶叶冲泡时间的长短，对茶叶内含的有效成分的利用也有很大的关系。茶的滋味是随着时间延长而逐渐增浓的。

品茗环境

茶宜静品要求品茗者无事、清静、禅定。品茶还要讲人品和环境协调，要求有佳客、能会心交流，这样才能体味茶的真味，领略清风、明月、松涛、竹筠、梅开、雪霁等品茗意境。

总而言之，品茶是使自己的身心得以放松和满足的一种艺术享受。要真正品出各种茶的味道来，最好遵循茶艺的程序，净具、置茶、冲泡、敬茶、赏茶、续水这些步骤都是不可少的，它们共同组成了整个品茶艺术。

茶具介绍

随手泡

随手泡用电来烧水，加热开水时间较短，实用方便。

茶则

茶则多为竹木制品，由茶叶罐中取茶放入壶中的器具。则者，准则也，用来衡量茶叶用量，确保投茶量准确。

茶匙

茶匙是一种细长的小匙，用其将茶叶由茶荷拨入壶中。

茶漏

茶漏是圆形小漏斗，当用小茶壶泡茶时，将其放置壶口，茶叶从中漏进壶中，以防茶叶撒到壶外。

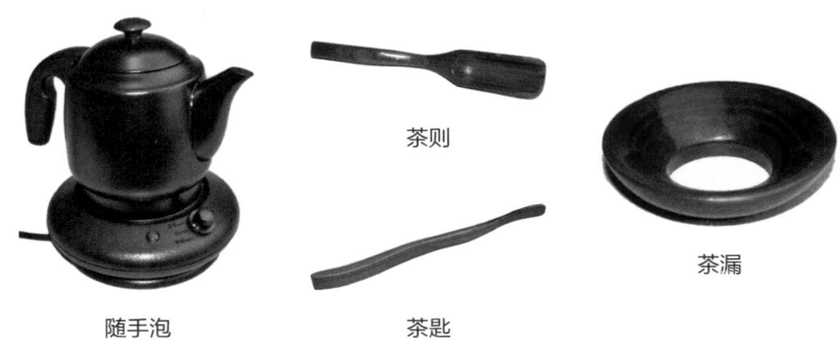

随手泡　茶则　茶匙　茶漏

茶夹

茶夹用来清洁杯具，或将茶渣自茶壶中夹出。

茶针

茶针用来疏通茶壶的壶嘴，保持水流畅通。茶针有时和茶匙一体。

茶筒

茶筒用来放置茶匙、茶则、茶夹、茶漏、茶针的容器。

茶荷

茶荷用来赏茶及量取茶叶的多少，一般在泡茶时用茶则代替。

茶罐

茶罐是装茶叶的罐子。

茶海（公道杯）

茶杯中的茶汤冲泡完成，便可将其倒入茶海。将茶汤置于茶海中，可避免茶叶泡水太久而苦涩，还可以起到均匀茶汤的效果。

茶壶

茶壶主要用于泡茶。

盖碗

盖碗也称三才杯，由杯盖、杯身、杯托三者组成，代表天、地、人，是用来泡茶的器具。

茶罐　　茶海（公道杯）

茶壶　　盖碗

品茗杯
玻璃杯
茶船
茶盘

品茗杯

品茗杯是品茗所用的小杯子。

玻璃杯

玻璃杯用来冲泡绿茶。

茶船

茶船是盛放茶壶的器具，当注入壶中的水溢满时，茶船可将水接住，避免弄湿桌面（上方为盘，下面为仓）。

茶盘

茶盘是用以盛放茶杯或其他茶具的盘子。

茶巾

茶巾用来擦干茶壶或茶杯底部残留的水滴。

茶盂

茶盂主要用来贮放茶渣和废水，多用陶瓷或者紫砂制作而成。

茶巾　　　　茶盂

绿茶泡法

一般情况下高级绿茶用玻璃杯冲泡为好，以显出茶叶的品质特色，又便于观赏。普通眉茶、珠茶用瓷质茶杯冲泡。瓷杯保温性能强于玻璃，茶叶中的有效成分容易浸出，可以得到较厚的茶汤。

用玻璃杯沏泡绿茶有三种方法：分别是上投法、中投法和下投法。

上投法：先将杯冲水至七分满，然后投入适量的茶叶，待茶叶泡好后便可饮用。

中投法：先冲水至杯的三分满，然后投入适量的茶叶，再冲水至杯的七分满，茶叶泡好后便可饮用。

下投法：先将适量茶叶放入杯中，再浸润茶叶，然后再冲水至杯的七分满，待茶叶泡好后便可饮用。

下面介绍西湖龙井的下投法泡茶方法。

备具

准备茶盘、玻璃杯、随手泡、茶叶罐、茶巾、茶荷、水盂、茶具组（茶则、茶夹、茶漏、茶匙、茶针）。

取茶

用茶则将茶叶由茶叶罐拨至茶荷中。

备具

取茶

赏茶

温杯

置茶

赏茶

展示茶叶，便于宾主更好的欣赏干茶。

温杯

将开水倒至杯中三分之一处，右手拿杯旋转将温杯的水倒入茶船中。温杯的目的是稍后放入茶叶冲泡热水时不至于冷热悬殊。

置茶

将茶荷中的茶拨至玻璃杯中。

浸润泡

向杯中倒入四分之一开水（水温85℃左右），并提杯向逆时针方向转动数圈，让茶叶在水中浸润，使芽叶吸水膨胀慢慢舒展，便于可溶物浸出，初展清香。这时的香气是整个冲泡过程中最浓郁的时候。时间掌握在15秒钟以内。

冲泡

冲水入杯，冲水量为杯总量的七分满左右，意在“七分茶，三分情”。

奉茶

双手托杯，以示对客人的敬意。

浸润泡

冲泡

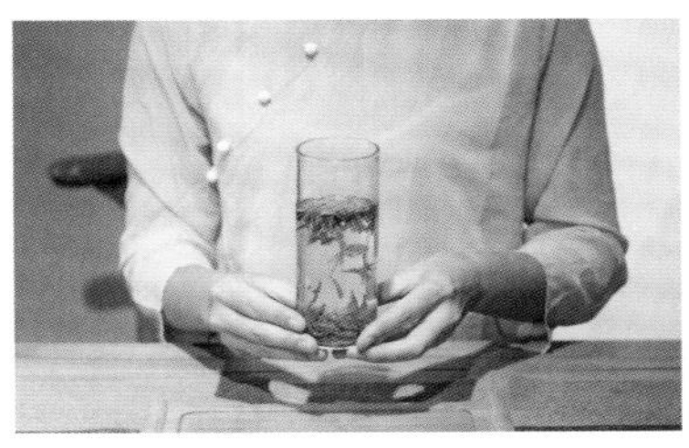

奉茶

品茗

品茗先闻香，后赏茶观色，可以看到杯中轻雾缥缈，茶汤澄清碧绿，芽叶嫩匀成朵，亭亭玉立，旗枪交错，上下浮动，栩栩如生。然后细细品缀，寻求其中的茶香与鲜爽、滋味的变化过程以及甘醇与回味的韵味。

收具

绿茶一般冲泡3～4次，冲泡后及时整理好茶具。

品茗

收具

青茶（乌龙茶）泡法

青茶（乌龙茶）的泡饮方法最为讲究，对茶品、茶水、茶具和冲泡技巧都非常注意。因冲泡颇费工夫，故常称为工夫茶。

下面介绍铁观音的生活冲泡方法。

备具

准备茶船、盖碗（茶瓯）、品茗杯、随手泡、茶叶罐、茶巾、茶荷、茶具组（茶则、茶夹、茶漏、茶匙、茶针）。

温具

用开水洗净盖碗、品茗杯。洗杯时，最好用茶夹，不要用手直接接触茶具，并做到里外皆洗。这样做的目的有两个：一个是清洁茶具；另一个是提高茶具的温度。

赏茶

用茶则盛茶叶拨至茶荷中供客人欣赏茶叶。

置茶

用茶匙摄取茶叶，投入量为1克茶20毫升水，差不多是盖碗容量的三四分满。

润茶

将煮沸的开水先低后高冲入盖碗，使茶叶随着水流旋转，直至开水刚开始溢出盖碗为止。加盖后倒入公道杯，目的是使茶叶湿润，提高温度，使香味能更好地发挥。

刮沫

左手提起杯盖轻轻地在瓯面上绕一圈再把浮在盖碗面上的泡沫刮起，俗称“春风拂面”，然后右手提起水壶把盖冲净，盖好盖后静置1分钟左右。

备具

温具

赏茶

置茶

润茶

刮沫

冲泡

用刚煮沸的沸水采用悬壶高冲、凤凰三点头（先低后高）的方法冲入盖碗中。

闻香

闻茶叶的盖香。

出汤

将茶汤倒入公道杯。

冲泡

出汤

闻香

分茶

将公道杯中的茶汤分到品茗杯里，分茶时，需要使茶汤均匀一致。

奉茶

双手托杯，以示对客人的敬意。

品茗

先端起杯子慢慢由远及近闻香数次，后观色，再小口品尝，让茶汤巡舌而转，充分领略茶味后再咽下。

分茶

奉茶

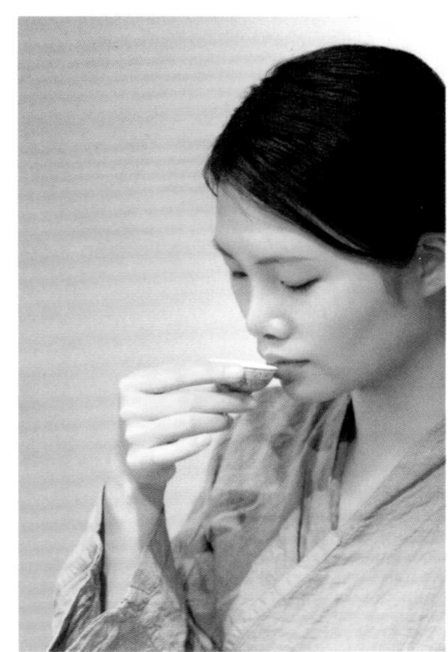

品茗

红茶泡法

红茶茶量投放与绿茶相同，茶具用玻璃杯、盖碗、宜兴紫砂茶具均可。中、低档工夫红茶、红碎茶、片末红茶等一般用壶冲。冲泡中不加调料的，称“清饮”；添加调料的，称“调饮”，我国绝大多数地方饮红茶是“清饮”。下面用盖碗来演示红茶的泡法。

备具

准备茶船、盖碗、玻璃公道壶、品茗杯、随手泡、茶叶罐、茶巾、茶荷、茶具组（茶则、茶夹、茶漏、茶匙、茶针）。

温具

将开水倒至盖碗，再转注至公道壶和品茗杯中。温具的目的是稍后放入茶叶冲泡热水时不至于冷热悬殊。

赏茶

用茶则盛茶叶拨至茶荷中供客人欣赏茶叶。

置茶

用茶匙将茶叶拨入盖碗中。

冲泡

向杯中倾入90～100℃的开水，加盖静置1分钟左右。

出汤

将茶汤斟入公道杯中。

备具

温具

赏茶

置茶

冲泡

出汤

分茶

将公道壶中茶汤一一倾注到各个茶杯中。

奉茶

双手托杯，以示对客人的敬意。

品茗

品茗先闻香，后赏茶观色，三口品茶。

分茶

奉茶

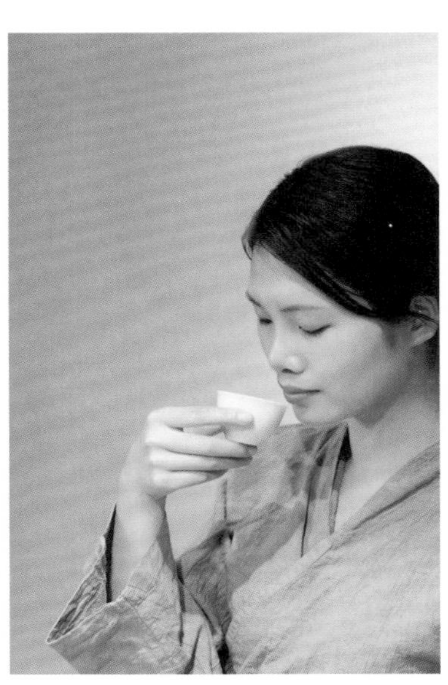

品茗

花茶泡法

花茶的饮法与普通绿茶基本相同，但需要注意防止香气的散失，使用的茶具和水尤其要注意洁净无异味。最好选用盖碗，以衬托花茶特有的汤色，保持花茶的芳香。

下面介绍茉莉花茶的冲泡程序。

备具

准备茶盘、盖碗、随手泡、茶叶罐、茶巾、茶荷、茶具组（茶则、茶夹、茶漏、茶匙、茶针）。

温具

将开水倒至盖碗中三分之一处，右手拿盖碗旋转将水倒入茶盂中。

赏茶

用茶则盛茶叶拨至茶荷中供客人欣赏茶叶。

置茶

将茶荷中的茶拨至盖碗中。

泡茶

约10秒钟后，再向盖碗中冲水至杯的七分满，随即加盖，不使香气散失。

奉茶

将盖碗连盖带托，用双手有礼貌地奉给宾客，并示意用茶。

备具

温具

赏茶

置茶

泡茶

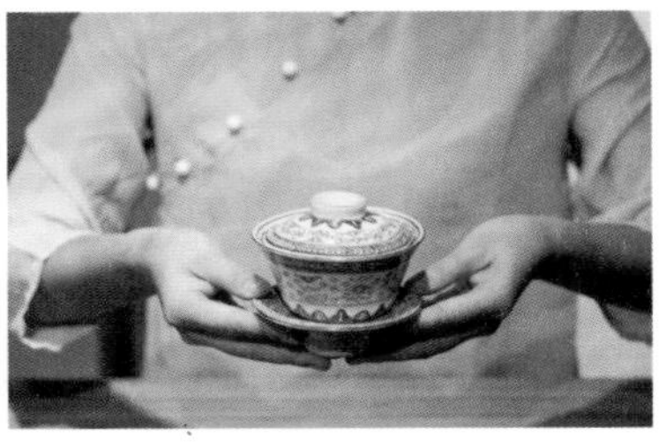
奉茶

闻香

闻盖碗的盖香。

品茗

品饮花茶讲究的是轻柔静美，以闻香尝味为主。右手将瓯托端起交与左手，右手揭盖于胸前，旋转闻香，即可感到扑面而至的清香。右手用盖将茶末拨去，欣赏茶汤。将盖瓯端至口处慢慢细品。一饮后，留下三分之一的茶汤，续水二饮，再三饮。

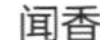

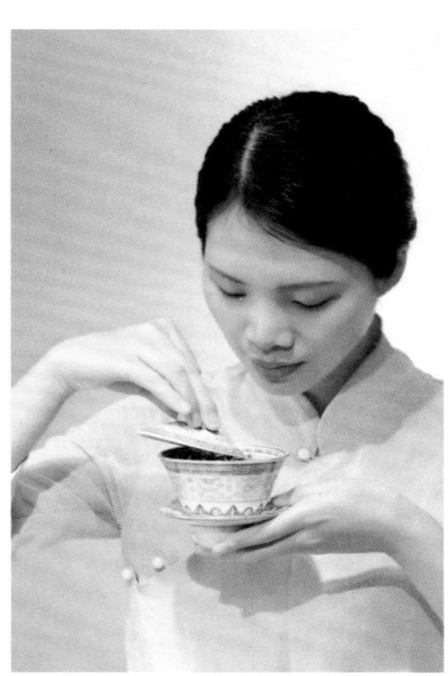

品茗

黑茶泡法

黑茶为后发酵茶，下面以普洱茶为例来介绍黑茶的泡法。

陈年普洱茶和熟普洱茶宜用紫砂壶冲泡，能很好地保持普洱茶的香气和滋味。

备具

准备茶船、紫砂壶、品茗杯、公道杯、随手泡、茶叶罐、茶巾、茶荷、茶具组（茶则、茶夹、茶漏、茶匙、茶针）。

温壶（杯）

温壶又称温壶涤器，即用烧沸的开水冲洗紫砂壶、品茗杯。

赏茶

用茶则盛茶叶拨至茶荷中供客人欣赏茶叶。

置茶

置茶俗称普洱入宫，即用茶匙将茶置入紫砂壶。

润茶

用现沸的开水冲入紫砂壶中，快进快出，达到润茶和醒茶的目的。

泡茶

用沸水冲入紫砂壶中泡茶。陈年普洱茶泡至第10泡时，茶汤仍甘滑回甜，汤色仍然红艳。

备具

温壶

赏茶

置茶

润茶

泡茶

淋壶

淋壶又称淋壶增温，即冲泡出的茶水淋洗紫砂壶，达到增温目的。

出汤

将紫砂壶中冲泡的普洱茶汤倒入公道杯中。

分茶

分茶又称普降甘霖，即将公道杯中的茶汤倒入品茗杯中，每杯倒匀，以茶汤在杯内满七分为度。

敬茶

敬茶又称奉茶敬客，即将若琛杯中的茶放在茶托中，由泡茶者举杯齐眉，奉给客人。

观色

欣赏普洱茶红浓明亮的汤色。

品茶

含英咀华，领悟陈韵。

收具

普洱茶较耐泡，一般可冲泡十次左右，冲泡后及时整理好茶具。

淋壶

出汤

分茶

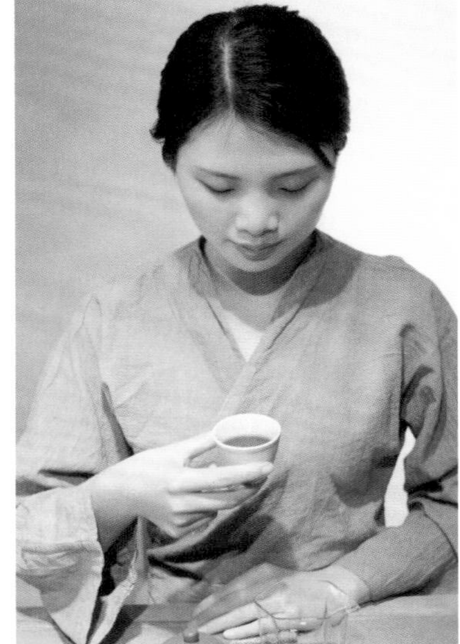

敬茶

观色

品茗

收具

第二章

地方茶俗

中国是茶叶的故乡，种茶、制茶、饮茶有着悠久的历史。茶俗是民间风俗的一种，是民族传统文化的积淀，也是人们心态的折射。它以茶事活动为中心贯穿于人们的生活中，并且在传统的基础上不断演变，成为人们文化生活的一部分。中国是一个幅员辽阔、民族众多的国家，生活在这个大家庭中各族人民有着各种不同的饮茶习俗，真可谓『历史久远茶故乡，绚丽多姿茶文化。』

闽粤乌龙茶

乌龙茶始于17世纪中后期，先流行于闽北武夷山和闽南的漳州、泉州一带，后传入广东、香港和台湾。

乌龙茶的品饮至今仍保留传统方法。由于品饮乌龙茶，需要花时间，还要练就一套技艺，所以品乌龙茶又称其为品功夫茶；又由于品乌龙茶，需要有一套小巧精致的独特茶具，加之品茶尝味以啜为主，所以也有人称之为小壶小杯啜乌龙茶的。乌龙茶的品饮，重在闻香和尝味，不重品形。

一般潮汕品饮方法是，一旦撒茶入杯，强调热品，随即采用“三龙护鼎”手法，以拇指和食指按杯沿，中指抵杯底，慢慢由远及近，使杯沿接唇，杯面迎鼻，先闻其香，随后将茶汤含在口中回旋，徐徐品饮其味：通常三小口见杯底，再嗅留存于杯中茶香。如此反复品饮，自觉有鼻口生香，咽喉生津，两腋清风之感。台湾品饮方法，采用的是温品，更侧重于闻香，品饮时先将壶中茶汤，趁热倾入于公道杯，随后分注于闻香杯中，再一一倾入对应的小杯内，而闻香杯内壁留存的茶香，正是人们品乌龙茶需要的精髓所在。品啜时，通常先将闻香杯置于双手手心间，使闻香杯口对准鼻孔；再用双手慢慢来回搓动闻香杯，使杯中香气尽可能地送入鼻腔，以得到最大限度的享用。至于啜茶方式，与潮汕地区无多大差异。

品乌龙茶，虽不乏解渴之意，但主要在于鉴赏香气和滋味，对此，清代袁枚在《随园食单》中对品乌龙茶的妙趣，做了生动的描写：“杯小如胡桃，壶小如香橼，每斟无一两，上口不忍遽咽，先嗅其香，再试其味，徐徐咀嚼而体贴之，果然清芬扑鼻，舌有余甘。一杯之后再试一二杯，令人释燥平矜，怡情悦性。”所以，品乌龙茶，若能品得芳香溢齿颊，甘泽润喉吻，神明凌霄汉，思想驰古今，境界至此，已得功夫茶三昧。从而，将品乌龙茶的特有韵味，从物质上升到精神，给人以一种快感。

成都盖碗茶

在汉民族居住的大部分地区都有喝盖碗茶的习俗，以我国西南地区的一些大、中城市，尤其是成都最为流行。盖碗茶盛于清代，如今在四川成都、云南昆明等地，已成为当地茶楼、茶馆等饮茶场所的一种传统饮茶方法，一般家庭待客，也常用此法饮茶。饮盖碗茶一般说来，有五道程序。

一是净具：用温水将茶碗、碗盖、碗托清洗干净。

二是置茶：用盖碗茶饮茶，摄取的都是珍品茶，常见的有花茶、沱茶，以及上等红茶、绿茶等，用量通常为3～5克。

三是沏茶：一般用初沸开水冲茶，冲水至茶碗口沿时盖好碗盖，以待品饮。

四是闻香：待冲泡5分钟左右，茶汁浸润茶汤时，则用右手提起茶托，左手掀盖，随即闻香舒腑。

五是品饮：用左手握住碗托，右手提碗抵盖，倾碗将茶汤徐徐送入口中，品味润喉，提神消烦，真是别有一番风情。

广州早茶

早茶多见于中国大中城市，历史悠久，影响最深的是广州。人们无论在早晨上工前，还是在工余后，抑或是朋友聚议，总爱去茶楼，泡上一壶茶，要上两件点心，美名“一盅两件”，如此品茶尝点，润喉充饥，风味横生。

广州人品茶大都一日早、中、晚三次，但早茶最为讲究，饮早茶的风气也最盛，由于饮早茶是喝茶佐点，因此当地称饮早茶为“吃早茶”。吃早茶是汉族名茶加美点的另一种清饮艺术，人们可以根据自己的需要，当场点茶，品味传统香茗；又可按自己的口味，要上几款精美清淡小点，如此吃来，更加津津有味。如今在华南一带，除了吃早茶，还有吃午茶、吃晚茶的，人们把这种吃茶方式看作是充实生活和社交联谊的一种手段。在广东城市或乡村小镇，吃茶常在茶楼进行。如在假日，全家老幼登上茶楼，围桌而坐，饮茶品点，畅谈国事、家事、身边事，更是其乐融融。亲朋之间，上得茶楼，谈心叙谊，沟通心灵，倍觉亲近。所以许多交换意见或者洽谈业务、协调工作，甚至青年男女谈情说爱，也是喜欢用吃（早）茶的方式去进行，这就是汉族吃早茶的风尚之所以能长盛不衰，甚至更加延伸扩展的缘由。

藏族酥油茶

酥油茶，藏语称“甲脉儿”。流行于西藏、青海、甘肃、四川及云南等的藏族地区。藏族人民早晨必定要喝上几碗酥油茶才去劳动或工作。酥油茶也是藏民必备的待客饮料。

藏族人民家中大多都有一个专门打酥油茶的用黄铜箍的茶桶，其直径8厘米，高120厘米，用于上下舂打的拉杆（一种特制的木质搅拌器、形似细木棍）长140厘米。

制作酥油茶时，先把茶叶捣碎，倒入茶壶，煮沸半小时；同时，把100克酥油、5克精盐、少许牛奶倒进干净的茶桶内，根据需要配好的其他作料，如核桃泥、芝麻粉等，也在此时一起放入。待茶水（约2.3千克）熬好后即倒入。接着，用拉杆上下来回有节奏地舂打几十下（约5分钟），再放进酥油50克，再继续舂打1～2分钟。最初舂打时，茶桶里会发出“伊啊、伊啊”的声音，直到声音变成“嚓伊、嚓伊”时，酥油、茶、盐及其他作料已混为一体，即成。酥油茶打好以后，全部倒进茶壶内加热1分钟左右即可，但不可煮沸，以免茶油分离，茶油分离的酥油茶就不好喝了。倒茶饮用时，有时还要轻轻摇晃几下茶壶，使水、乳、茶、油交融，滋味就更香美可口。

喝酥油茶时使用的茶具是十分精美的。煮茶用的有银壶、铜壶、铝壶、瓷铁彩花壶等。壶的颈腹部的图案花纹具有浓厚的民族色彩。壶嘴、壶把的造型美观别致。茶碗为木质或瓷质的，并用银或铜镶嵌。几乎件件茶具都是令人喜爱的民间工艺品。

喝酥油茶有一定的礼节。主妇先把装有糌粑的木盒（或精美的竹盒）放在桌子中间，每人面前放好茶碗。主人依次为客人倒酥油茶，热情地喊着“甲通、甲通”，意思是“请喝茶”。客人边喝酥油茶，边用手指拈起糌粑，丢入口中。酥油茶浓涩带咸，油香醇美，风味独特。主人请喝酥油茶，一般是边喝边添，不一口喝完，否则与当地的风俗相悖，被视为是一种不礼貌的举动。通常第一碗应留下些许，意思是还想再喝一碗，以表示主人手艺不凡。如果喝了第二碗、第三碗后不想再喝了，待主人再次添满后，或客人在辞行时，应一饮而尽，这样才符合藏族的礼仪。藏族人甚至认为一天不喝茶就不舒服，几天不喝就像生病一样难受，一天不吃饭可以，一天不喝茶不行。

客家擂茶

客家人热情好客，以擂茶待客更是传统的常见礼节，无论是婚嫁喜庆，还是亲朋好友来访，即请喝擂茶。擂茶仍流行于福建、江西、湖南等地。

制作客家擂茶需要科学合理地配料。除了要用好茶、芝麻为主要原料外，配料可随时令变换。春夏湿热，可采用嫩的艾叶、薄荷叶、天胡荽；秋日风燥，可选用金盏菊花或白菊花、金银花；冬令寒冷，可用桂皮、胡椒、肉桂子、川芎。还可按人们所需，配不同料，形成多种多样多功能的“擂茶”。如加茵陈、白芍、甘草，为“清热擂茶”；加鱼腥草、藿香、陈皮，为“防暑擂茶”。经医学验证，擂茶对常年生活在大山长谷瘴气较重的客家人，有一种独到的驱邪健身功效。客家老翁、老妪，精神健旺，少病少痛，这不能不说是得益于常饮客家擂茶。客家人每当劳作归来，一进客门，就要先饮一碗擂茶，再说进食解饥肠事。

客家人又常用糯米做糍粑，或用大米做米果（粑粑）当点心。故有俗谚说："喝擂茶，吃粑粑，壮身体，乐哈哈。"因此，人们说这奇特的客家擂茶是"药食兼佳，味中有味"的"客家保健饮料"。

蒙古族咸奶茶

蒙古族人民与新疆、西藏的牧民一样，喜欢喝与牛奶、食盐一道煮沸而成的咸奶茶。蒙古族人民喝的咸奶茶，用的多为青砖茶和黑砖茶，并用铁锅烹煮，这一点与藏族打酥油茶和维族煮奶茶时用茶壶的方法不同。但是，烹煮时，都要加入牛奶，习惯于煮茶，这一点又是相同的。这是由于高原气压低，水的沸点在100℃以内；加工砖茶不同于散茶，质地紧实，用开水冲泡，是很难将茶汁浸出来的。

煮咸奶茶时，应先把砖茶打碎，并将洗净的铁锅置于火上，盛水2～3千克。至水沸腾时，放上捣碎的砖茶约25克。再沸腾3～5分钟后，掺入牛奶，用量为水的五分之一左右；少顷，按需加适量食盐。等锅里茶水开始沸腾时，就算把咸奶茶煮好了。

煮咸奶茶看起来比较简单，其实滋味的好坏、营养成分的多少，与煮茶时用的锅、放的茶、加的水、掺的奶、烧的时间以及先后次序都有关系。如茶叶放迟了或者将加入茶与奶的次序颠倒了，茶味就会出不来。而烧煮时间过长，又会使咸奶茶的香味逸尽。蒙古族人民认为，只有器、茶、奶、盐、温五者相互协调，才能煮出咸甜相宜、美味可口的咸奶茶。

维吾尔族香茶

维吾尔族人民分散居住于新疆天山南北。南疆和北疆的维吾尔族人民饮茶习惯不同，前者爱喝香茶，后者喜喝奶茶。香茶，又名茯砖茶。

南疆维吾尔族人民煮香茶时，使用的是铜制的长颈茶壶，也有用陶质、搪瓷或铝制长颈壶的，而喝茶用的是小茶碗与北疆维吾尔族人民煮奶茶使用的茶具是不一样的。通常制作香茶时，应先将茯砖茶敲碎成小块状。同时，在长颈壶内加水七八分满加热，当水刚沸腾时，抓一把碎块砖茶放入壶中，当水再次沸腾约5分钟时，则将预先准备好的适量姜、桂皮、胡椒、芘等细末香料放进煮沸的茶水中，轻轻搅拌，经3~5分钟即成。为防止倒茶时茶渣、香料混入茶汤，在煮茶的长颈壶上往往套有一个过滤网，以免茶汤中带渣。

南疆维吾尔族老乡喝香茶，习惯于一日三次，与早、中、晚三餐同时进行，通常是一边吃馕，一边喝茶，这种饮茶方式，与其说把它看成是一种解渴的饮料，还不如把它说成是一种佐食的汤料，实是一种以茶代汤、用茶作菜之举。

回族刮碗子茶

回族人民居住处多在高原沙漠，气候干旱寒冷，蔬菜缺乏，以食牛羊肉、奶制品为主。而茶叶中的大量维生素和多酚类物质，不但可以补充蔬菜的不足，而且还有助于去油除腻，帮助消化。所以，自古以来，茶一直是回族同胞的主要生活必需品。

回族人民饮茶，方式多样，其中有代表性的是喝刮碗子茶。刮碗子茶用的茶具，俗称“三件套”。它由茶碗、碗盖和碗托或盘组成。茶碗盛茶，碗盖保香，碗托防烫。喝茶时，一手提托，一手握盖，并用盖顺碗口由里向外刮几下，这样一则可拨去浮在茶汤表面的泡沫，二则使茶味与添加食物相融，刮碗子茶的名称也由此而生。刮碗子茶用的多为普通炒青绿茶，冲泡茶时，除茶碗中放茶外，还放有冰糖与多种干果，诸如苹果干、葡萄干、柿饼、桃干、红枣、桂圆干、枸杞子等，有的还要加上白菊花、芝麻之类，通常多达八种，故也有人美其名曰“八宝茶”。由于刮碗子茶中食品种类较多，加之各种配料在茶汤中的浸出速度不同，因此每次续水后喝起来的滋味是不一样的。一般说来，刮碗子茶用沸水冲泡，随即加盖，经5分钟后开饮，第一泡以茶的滋味为主，主要是清香甘醇；第二泡因糖的作用，就有浓甜透香之感；第三泡开始，茶的滋味开始变淡，各种干果的味道就应运而生，具体依所添的干果而定。大抵说来，一杯刮碗子茶能冲泡5～6次，甚至更多次。回族同胞认为，喝刮碗子茶次次有味，且次次不同，又能去腻生津、滋补强身，是一种甜美的养生茶。

傣族竹筒香茶

傣族竹筒茶，又称“竹筒香茶”。它是傣族人别具风味的一种茶饮料。傣族人民世代生活在我国云南的南部和西南部地区，以西双版纳最为集中。傣族是一个能歌善舞而又热情好客的民族。

竹筒香茶的制法：采摘细嫩的一芽二三叶，经铁锅杀青、揉捻，然后装入生长一年的嫩甜竹（又称香竹、金竹）筒内，边装边用木杵压紧，然后用甜竹叶堵住筒口，放入文火上慢慢烘烤，待竹筒由青绿色变为焦黄色，筒内茶叶全部烤干时，剖开竹筒，即成竹筒香茶。其外形似竹筒状，为深褐色圆柱形，具有叶肥嫩、白毫特多、汤色黄绿、清澈明亮、香气馥郁、滋味鲜爽回甘的特点。

此茶含有多种维生素，有消炎解毒、清肺利尿、消食去腻、治疗高血压等功效，是当地兄弟民族招待宾客、馈赠亲友的珍品。

基诺族凉拌茶

基诺族人民聚居在云南西双版纳州景洪市的基诺山，他们喜爱的凉拌茶叶，是餐桌上的佳肴，是一种当蔬菜食用的茶。

凉拌茶以现采的茶树鲜嫩新梢为主料，再配以黄果叶、辣椒、大蒜、食盐等制成，具体可依各人的爱好而定。制作时，可先将刚采来的鲜嫩茶树新梢，用手稍加搓揉，把嫩梢揉碎，然后放在清洁的碗内。再将新鲜的黄果叶揉碎，辣椒、大蒜切细，连同适量食盐投入盛有茶树嫩梢的碗中。最后，加上少许泉水，用筷子搅匀，静置一刻钟左右即可食用。所以，与其说凉拌茶是一种饮料，还不如说它是一道菜更确切。凉拌茶连吃带喝，久食不厌。

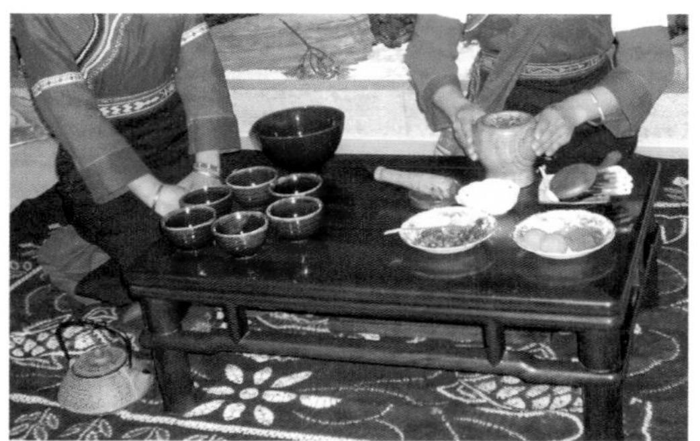

布朗族酸茶

布朗族人民主要从事农业耕作，尤善种茶，自古以来有饮嚼酸茶的习惯。

采制酸茶一般在高温高湿的5～6月进行。先将从茶树上采摘下来的幼嫩鲜叶放入锅内加适量清水煮熟，再把煮熟的茶叶趁热装在土罐里，置于阴暗处10～15天，使其发霉。再将发霉的茶叶装入竹筒内压紧，埋入土中。经过一个多月的发酵，取出晒干即可。

布朗族人民喜欢把酸茶直接放在口中咀嚼，细细体会其独特风味。酸茶也可用开水泡饮，具有解渴生津、帮助消化的作用。每当夏季，布朗族家家户户几乎都要做上许多酸茶，除自己食用外，还作为馈赠亲友的礼物。特别是小伙子提亲订婚，一包酸茶是送给姑娘家必不可少的礼物。

白族三道茶

云南白族的“三道茶”是闻名遐迩的。白族家庭，几乎每家的堂屋（客厅）内，都备有铸铁火盆，上面支着三脚铁架。如有客来，主人立即在火盆上架火烤茶。茶叶通常选用“苍山绿雪”“青毛尖”等上等绿茶。烤茶的陶罐，白族人喜欢选用大理州祥云县出产的黑色砂罐。等砂罐在火盆上烘烤预热之后才放入茶叶，用文火慢慢煽炒。每隔30秒钟左右，提起茶罐簸几下，由于多次提起抖动，又称“百抖茶”。这样反复多次，直到茶叶微黄、逸出香气时，再把用铜壶烧开的泉水冲进茶罐中，此时可达到“雷响”和茶香四溢的佳境，故此茶又称“雷响茶”。1～2分钟后，将茶汤倾入一种称作牛眼睛盅的小瓷杯中。茶色如琥珀，焦香扑鼻，滋味苦涩。这就是头道茶，一般水宜少，味宜浓，通常只倒小半杯。主人把一只只盛了茶汤的小瓷杯放在红漆木托盘里，依次敬给客人。敬茶时，主人先将茶杯双手齐眉举起，然后递给客人。客人双手接茶时，说声“难为你”（谢谢之意），主人回一句：“不消难为”（意思是不必谢）。按规矩，喝头道茶时，客人应双手捧杯，必须一饮而尽。当然，有些人家信奉“主随客便”，客人呷上一口就行了。头道茶，虽然苦涩，但是有清凉消暑、生津解渴、提神醒脑、解除疲劳的功效。寓意为敢于吃苦，才能事业有成。

待头道茶斟完后，主人在砂罐里再注满开水。先把核桃仁片（要切成极薄的片页）、烤乳扇（用牛奶提炼制成的扇状地方名特食品）、红糖等配料放入茶碗内，然后冲入滚烫的茶水即可敬献给客人。这是第二道茶，香甜可口，营养丰富，俗称为“甜茶”，具有滋补作用。寓意为先苦后甜，苦尽甘来。同时，用以敬祝来客生活美满幸福，万事如意。

第三道茶，称“回味茶”。配制过程，先将蜂蜜一匙、花椒、姜片、桂皮末等按比例放入特制的瓷杯中，然后倒入滚沸的茶水即成。此道茶集甜、麻、辣、涩、苦与茶香于一体，令人回味无穷。回味茶具有温胃散寒、滋阴补肾、润肺祛痰等功效。寓意为人的一生，青年苦，中年甜，老年回味，充满了生活的哲理。

纳西族“龙虎斗”

居住在云南丽江、中甸、维西、宁蒗等地的纳西族人民，有着悠久的文化传统，也喜爱喝茶，其中最引人注目的要数能祛寒湿、治感冒的“龙虎斗”了。龙虎斗的纳西语叫“阿吉勒烤”，其饮用方法非常有趣。

龙虎斗的调制方法是，先将一小把晒青绿茶放入小陶罐，再用铁钳夹住陶罐在火塘上烘烤，并不断转动陶罐，使之受热均匀。待茶叶焦黄、茶香四溢时，冲入热开水。接着像煎中药一样，在火塘上煮沸5~6分钟，使茶汤稠浓。同时，另置茶盅一只，内放半盅白酒，再冲入刚熬好的茶汁（注意，不能反过来将酒倒入茶汁中），即成“龙虎斗”。这时茶盅中发出“嗤——”的声响，待声音消失后，就可将龙虎斗一饮而尽了。有时还要在其中加上一些辣椒，使龙虎斗更富于刺激性。

纳西族人认为，用龙虎斗治疗感冒，比单纯吃药要灵验得多。将龙虎斗趁热喝下，会使人浑身发热，祛湿冒汗，睡一觉后，就会感到头不再昏，全身有力，感冒也就完全好了。从中药学的角度看，茶有清热解毒之功，酒有活血散寒之效。凡因外受风寒雨湿，畏寒发热、头涨、鼻塞流涕者，及时饮服，疗效颇佳。古人认为，酒之热性，独冠群物，通行一身之表；热茶借酒气而升散，故能祛风散寒、清利头目。

侗族打油茶

打油茶是汉、壮、瑶、侗等族饮食习俗，起源于唐代。清香甘甜的油茶，提神醒脑，焕发精神，兼有祛除湿热，防治感冒、腹泻之效。

打油茶有一定的程序。首先将“阴米”（蒸熟晾干的糯米，有的还染了五彩色）用茶油（茶树果实榨的食用油）炸成米花捞出，再炒花生米、黄豆等作料。最后把黏米炒焦，再放些茶叶稍炒一下，马上添温水入锅，加盐煮沸，即得油茶水。吃的时候碗里放点葱花、茼蒿、菠菜等，盛入油茶水，加些炸好的米花、花生、黄豆、猪肝、瘦肉等配料，有的还在油茶水中煮上小小的糯米粉汤团，就是色、香、味俱全的油茶了。

侗族人民吃油茶时，主人和客人都围坐在桌旁或锅灶周围，由主妇动手烹调。第一碗油茶必须端给座上的长辈或贵宾，表示敬意。然后依次端送给客人和家里人。每人接到油茶后，不能立刻就吃，而要把碗放在自己的面前，等待主人说一声敬请，大家才一起端碗。吃油茶只用一根筷子。吃完第一碗，只需把碗交给主妇，她就会按照客人的坐序依次把碗摆在桌上或灶边，再次盛上茶水和配料。每次打油茶，每人至少要吃三碗，否则会被认为对主人不尊敬。吃了三碗后，如果不想再吃，就需把那根筷子架在自己的碗上，作为不吃的表示，不然，主妇就会不断地盛油茶，让客人享用。

傈僳族油盐茶

油盐茶流行于云南省怒江傈僳族自治州，它是酥油茶的一种，又名“雷响茶”。酥油是藏族民间传统奶制品，流行于西藏、青海、甘肃、四川及云南等的藏族地区。它是从牛奶、羊奶中提炼出来的油脂。

一般用土法制作：牧区妇女将奶汁稍为加温，然后倒入酥油桶（一种大木桶）内，再上下来回用力抽打，数百次后，搅得奶汁油水分离，淡黄色的油脂浮在上层，将其舀出，灌入皮口袋内，冷却后即成。其吃法很多，主要用来打酥油茶。油盐茶的制作方法与藏族的打酥油茶有相同之处，但又有其别具一格的方式。先用一个能煨750克水的大瓦罐将水煮开，再把饼茶放在小瓦罐里烤香，然后将大瓦罐里的开水加入小瓦罐熬茶。熬5分钟后，滤出茶渣，将茶汁倒入酥油桶内。倒入两三罐茶汁后加入酥油，再加入事先炒熟、碾碎的核桃仁、花生米、食盐或糖、鸡蛋等。最后将钻有一个洞的放在火中烧红的鹅卵石放入酥油桶内，使桶内茶汁“哧哧”作响，犹如雷响一般，故又名“雷响茶”。响声过后马上使劲用木杵上下抽打，使酥油成为雾状，均匀溶于茶汁中。打好后倒出，趁热饮用。这种饮用方式能增进茶汁的香味和浓度。

油盐茶也是一种以茶为主料的多种原料混合而成的饮料，滋味多样，喝起来涩中带甘，咸里透香。它既可以暖身，增加人体的抗寒能力，又可以补充人体所必需的各种营养成分，有益于健康。

彝族盐巴茶

居住在四川、云南、贵州等地的彝族人民都喜欢喝盐巴茶。“盐巴茶”的冲泡方法是：先将特制的、容量为200～400毫升的小瓦罐洗干净，这是煮茶的茶具。茶叶通常是青毛茶、饼茶或是其他紧压茶。将洗净的小瓦罐放在火塘上烤烫，再抓一把（约5克）青毛茶或事先敲碎的饼茶，让其在罐中烤，当茶叶被烘烤到“噼啪”作响，并散发出茶叶的焦香味时，再将火塘旁茶壶里的开水向瓦罐内缓缓冲入。瓦罐内茶水很快就沸腾起来，冲出泡沫。一般第一次冲泡的茶汁可以倒掉，因为不太干净。第二次加开水至满，煨煮5分钟后，将用以线扎紧的盐巴块（井盐）投入茶汤中，抖动一会儿提起拿走，使茶汤略有咸味。也有的是将适量的盐巴块直接投入茶汤中，再用筷子搅拌三五圈。这时，就可以把瓦罐移出火塘，再将瓦罐内浓茶分别倒于瓷杯中，一般只倒至茶盅的一半，再根据各人的口味加开水冲淡后饮用。这种茶汤色橙黄，既有浓烈的茶香，又有适口的咸味，喝起来特别能消除疲劳。一般每烤一次，可冲饮三四道。彝族人喜欢边饮边煨，一直到瓦罐中的茶味消失为止。

由于彝族人民居住在高山峡谷地区，海拔多在2000米以上，气候寒冷干燥，缺少蔬菜，故常以喝茶的方法来补充营养素的不足。茶叶已成了他们不可缺少的生活必需品，每日必饮三次茶。彝族老乡，通常是一边喝着盐巴茶，一边吃着玉米粑粑。一家人聚在一起，其乐融融。如果家中来了客人，他们会招呼客人落座，并立即端上茶盅，一边喝茶，一边交谈。

除了彝族人喜欢饮盐巴茶之外，纳西族、傈僳族、普米族、怒族、苗族等民族，也喜欢把盐巴茶作为日常饮料，煮茶方式基本相似。此外，彝族也有饮用腌茶的习俗。

附录

历次“中国十大名茶”排行

1. 1915年，“巴拿马万国博览会”对中国名茶的评比结果：西湖龙井、洞庭碧螺春、信阳毛尖、君山银针、黄山毛峰、武夷岩茶、祁门红茶、都匀毛尖、铁观音、六安瓜片。
2. 1959年，全国“十大名茶”评比会所评选：中国十大名茶包括西湖龙井、洞庭碧螺春、黄山毛峰、庐山云雾茶、六安瓜片、君山银针、信阳毛尖、武夷岩茶、安溪铁观音、祁门红茶。
3. 1999年1月16日《解放日报》刊登：江苏碧螺春、西湖龙井、安徽毛峰、安徽瓜片、恩施玉露、福建铁观音、福建银针、云南普洱茶、福建云茶、江西云雾茶是我国十大名茶。
4. 2001年3月26日美联社和《纽约日报》同时公布：西湖龙井、黄山毛峰、洞庭碧螺春、安徽瓜片、蒙顶甘露、庐山云雾、信阳毛尖、都匀毛尖、安溪铁观音、苏州茉莉花茶是中国的十大名茶。
5. 2002年1月18日《香港文汇报》公布：西湖龙井、江苏碧螺春、安徽毛峰、安徽瓜片、福建银针、安徽祁门红茶、都匀毛尖、武夷岩茶、福建铁观音、信阳毛尖是中国的十大名茶。
6. 2009年10月12日上海世博会“中国世博十大名茶”，正式入驻世博会联合国馆的中国世博十大名茶分别是安溪铁观音、西湖龙井、都匀毛尖、福鼎白茶（太姥银针）、湖南黑茶、武夷岩茶（大红袍）、祁门红茶（润思）、六安瓜片（一笑堂）、天目湖（富子）白茶、茉莉花茶（张一元）等传统名茶。
7. 2014年中国十大茶叶品牌排行榜：西湖龙井、安溪铁观音、信阳毛尖、普洱茶、洞庭碧螺春、福鼎白茶、大佛龙井、安吉白茶、福州茉莉花茶和祁门红茶，荣获“2014年中国茶叶区域公用品牌价值十强”。
8. 2015年中国十大茶叶品牌排行榜：安溪铁观音、西湖龙井、信阳毛尖、云南普洱茶、福鼎白茶、大佛龙井、安吉白茶、福州茉莉花茶、武夷山大红袍和祁门红茶，荣获“2015 年中国茶叶区域公用品牌价值十强”。

（中国十大名茶是十种在中国比较具有代表性的名茶，每个时期的排行榜都有所不同）

六大茶类冲泡
参考视频

（扫描二维码观看）

1. 绿茶冲泡视频

2. 青茶（乌龙茶）冲泡视频

3. 红茶冲泡视频

4. 白茶冲泡视频

5. 黄茶冲泡视频

6. 黑茶冲泡视频

品质生活 · 茶书推荐

依照茶方精心沏调的美味花草茶，有益于许多常见的身心健康问题，并且这些大有裨益的花草茶其实沏调起来很容易。

身体略感虚弱时，何不调制一杯免疫力提升茶？这款可口的茶饮含有丰富的抗氧化成分，可显著提高免疫力；若有睡眠问题，可尝试一下香甜睡梦茶——这简直就像一首特为恢复睡眠而设的杯中摇篮曲。

偶感失落时，一杯欢乐茶会让你的脸庞洋溢着微笑；彻底狂欢后，一杯安神抗疲茶可帮你平复激动的心情和恢复体力。

不同主题的章节可对个性化需求精确定位。这本令人惊叹的书提供了精彩的调茶秘方和步骤，让不适感和负能量远离你。

这是一本完全花草茶指南书，书中介绍了常用入茶药草的主要功能，这些内容可帮助你获得知识、加深印象，让沏调、美体、保健由你自己一手掌握。